计算机类精品系列教材

计算机网络实验教程

王喜来　王刚　龙丹　李志远　编著

电子工业出版社
Publishing House of Electronics Industry
北京·BEIJING

内 容 简 介

计算机网络实验教程是计算机网络理论课程重要的实践补充，只有在实验的基础上，学生才能够更好地理解计算机网络的理论知识。

本书利用 GNS3、Wireshark 和 Python3 软件设计了一系列的计算机网络实验，其中包含部分网络程序设计的相关内容。本书分为 7 章，按照实验准备、数据链路层实验、网络层实验、运输层实验、应用层实验的顺序进行组织编排，常用的网络命令和双绞线跳线的制作与测试分别放在了第 6 章和第 7 章。

本书可作为计算机类、电子信息类专业本科生的计算机网络实验教材；对于单独开设计算机网络实验课程的学校，建议学时为 36 学时，当然也可以根据实际情况选择部分实验。

未经许可，不得以任何方式复制或抄袭本书之部分或全部内容。
版权所有，侵权必究。

图书在版编目（CIP）数据

计算机网络实验教程 / 王喜来等编著. -- 北京：电子工业出版社, 2024. 12. -- ISBN 978-7-121-49286-0

Ⅰ.TP393-33

中国国家版本馆 CIP 数据核字第 20242M63E5 号

责任编辑：牛晓丽
印　　刷：北京雁林吉兆印刷有限公司
装　　订：北京雁林吉兆印刷有限公司
出版发行：电子工业出版社
　　　　　北京市海淀区万寿路 173 信箱　　邮编：100036
开　　本：787×1092　1/16　　印张：12　　字数：196 千字
版　　次：2024 年 12 月第 1 版
印　　次：2024 年 12 月第 1 次印刷
定　　价：39.80 元

凡所购买电子工业出版社图书有缺损问题，请向购买书店调换。若书店售缺，请与本社发行部联系，联系及邮购电话：（010）88254888，88258888。

质量投诉请发邮件至 zlts@phei.com.cn，盗版侵权举报请发邮件至 dbqq@phei.com.cn。
本书咨询联系方式：9616328（QQ）。

前　　言

计算机网络是高等院校计算机及其相关专业开设的专业课程,其配套的理论教材较多。学生在学习理论知识的同时,缺少相关的实验教材。本书按照计算机网络体系结构进行编写,能够适配大多数计算机网络的理论教材。

本书分为7章,按照实验准备、数据链路层实验、网络层实验、运输层实验、应用层实验的顺序进行组织编排,常用的网络命令和双绞线跳线的制作与测试分别放在了第6章和第7章。本书的实验环境是GNS3、Wireshark和Python3软件,其中包含部分网络程序设计的相关内容。

数据链路层的主要作用是按单位需求搭建网络拓扑、分配IP地址、划分VLAN。网络层则实现企业内部VLAN间的互联互通,并且能够访问互联网,第3章还包括IP、ICMP、DHCP、NAT、OSPF等协议的实验。运输层主要进行TCP连接的建立与释放、套接字程序设计及端口扫描等实验,第4章的实验基本都用Python语言编程实现。应用层主要完成DNS、Web服务和FTP服务,其中DNS和Web服务在Ubuntu环境下实现(在Windows环境下,也介绍了Web服务),而FTP服务则是在Windows环境下实现的。常用的网络命令主要介绍了Windows环境下常用的网络命令。双绞线跳线的制作与测试主要是完成一根五类的直通/交叉线的制作和测试。

本书在编写过程中得到了桂林信息科技学院计算机网络课程教学团队的大力支持,在此表示感谢。由于编者水平有限,书中难免有不足之处,欢迎读者批评指正。

编者
2024年8月

目　　录

第 1 章　实验准备 1
　　1.1　实验环境简介 1
　　1.2　协议封装 4
　　1.3　越层封装 6

第 2 章　数据链路层实验 14
　　2.1　VLAN 与 STP 14
　　2.2　交换机 MAC 地址学习 22
　　2.3　帧的发送与接收 24

第 3 章　网络层实验 28
　　3.1　单臂路由接入互联网 28
　　3.2　IP 与 ICMP 询问报文 35
　　3.3　DHCP 与 NAT 39
　　3.4　单区域 OSPF 的配置 46
　　3.5　简单的路由追踪程序的实现 52
　　3.6　ARP 实现活动主机的探测 55

第 4 章　运输层实验 58
　　4.1　抓包分析 TCP 连接的建立与释放 58
　　4.2　套接字程序 66
　　4.3　建立 TCP 连接的通用程序 73
　　4.4　端口扫描程序 81

第 5 章　应用层实验 90
　　5.1　在 VMware 虚拟机中安装 Ubuntu 22.04 LTS 操作系统 90
　　5.2　安装配置 DNS 91

5.3 安装配置 Web 服务 100

5.4 在 Windows 操作系统中安装配置 Web 服务 111

5.5 安装配置 FTP 服务 113

5.6 域名解析客户端程序设计 121

第 6 章 常用的网络命令 128

6.1 ping 命令 128

6.2 ipconfig 命令 135

6.3 arp 命令 139

6.4 netstat 命令 142

6.5 route 命令 149

6.6 nslookup 命令 153

6.7 tracert 命令 162

第 7 章 双绞线跳线的制作与测试 165

7.1 实验设备 165

7.2 相关概念和原理 165

7.3 实验过程 168

附录 A：计算机网络实验报告（参考） 172

附录 B：图形化 ping 程序参考代码 173

参考文献 186

第 1 章　实验准备

实验目的:

参考相关资料，掌握 GNS3、Wireshark、Scapy 的使用方法。

掌握利用 Wireshark 软件抓取网络数据包的方法，理解协议封装的概念。

掌握利用 Scapy 工具构建、发送及接收数据包的方法。

理解越层封装的概念。

1.1　实验环境简介

本书的实验环境包括 GNS3 网络仿真软件、Wireshark 网络嗅探软件及 Scapy 发包与收包分析工具。

1. GNS3 简介

GNS3 是一款开源的、可以运行在多个平台（包括 Windows、Linux、macOS 等）且具有良好图形界面的网络仿真软件，类似于 Cisco 公司的 Packet Tracer 工具，它可以直接在 Cisco 公司的 IOS（Internetworking Operating System-Cisco）操作系统中运行，也支持其他厂商（如华为）的设备。有关 GNS3 的安装使用说明，请参考 GNS3 软件的官方文档。图 1-1 所示为在 macOS 操作系统中运行的 GNS3 软件界面，左边列出的是可用的网络设备，这些设备一部分是 GNS3 软件自带的，另一部分需要用户手动添加，如 ESW 三层交换机、c3600、c3640、c3725 和 c3745 等；最上面一行是工具栏；右边最大的区域是网络拓扑栏。

读者可以根据实际情况，选择其他网络仿真工具完成本书的实验，如华为公司开发的 eNSP（enterprise Network Simulation Platform）仿真工具、Cisco 公司开发的 Packet Tracer 工具及 EVE-NG 工具等。GNS3 软件和 Packet Tracer 工具分别有其各自的优点和缺点：GNS3 软件较为复杂，它直接使用厂商设备的 IOS 操作系统来仿真，因此其仿真的真实程度几乎与真实设备一致；Packet Tracer 工具相对简单，对硬件的要求较低，其缺点是功能有限，适用于初学者。由于 GNS3 软件采用了 Cisco 公司的路由器来仿真 Cisco 公司的三层交换机，故仿真的三层交换机可能存在一些不足，但基本能够满足本书的实验要求。

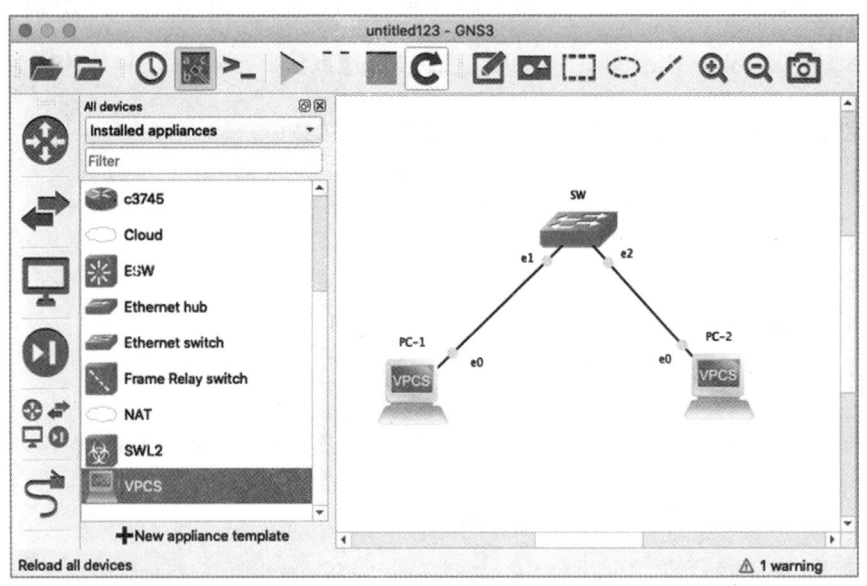

图 1-1　在 masOS 操作系统中运行的 GNS3 软件界面

2. Wireshark 简介

Wireshark 是一款开源的、支持多平台的、图形化界面的网络数据包抓取（抓包）软件，它能够方便地抓取网络传输过程中的各种协议的数据包，并能够展示这些数据包的详细信息。通常网络中传输的数据包非常多，默认情况下，Wireshark 软件会将这些数据包全部抓取并显示，而在进行协议分析时，常常只需要选取所关心的数据包进行分析即可，这种情况下需要使用 Wireshark 软件的数据包过滤功能，如过滤条件"tcp.port==9090"就是告诉 Wireshark 软件仅显示运输层端口号是"9090"的数据包。Wireshark 软件的详细使用说明请参考 Wireshark 官网。

Wireshark 软件的优点是，可以在网络拓扑图中直接使用 Wireshark 软件来抓取链路上的数据包进行研究分析，这给分析网络协议带来了极大便利。

3. Scapy 简介

Scapy 是一款由 Python 语言编写的强大的交互式数据包处理程序，它可以方便地构造多种协议的数据包，也能将这些数据包发送给目的主机，且可以接收目的主机返回的结果。有关 Scapy 程序的安装和使用说明，请参考 Scapy 官网，在安装时要特别注意 Python 语言和 Scapy 程序的版本匹配问题。当正确安装了 Python 语言和 Scapy 程序，可在操作系统的命令行窗口（如 Windows 操作系统中的 CMD）中输入"scapy"便可启动 Scapy 交互式工作界面。图 1-2 所示为 macOS 操作系统中的 Scapy 运行界面，与 Windows 操作系统中的 Scapy 运行界面是一样的。

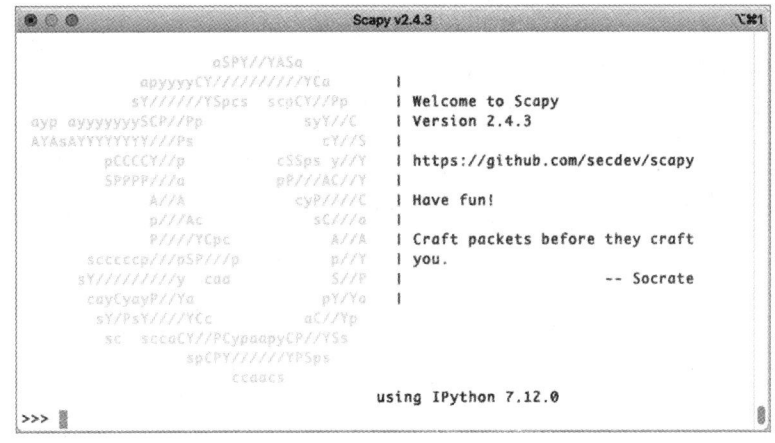

图 1-2　macOS 操作系统中的 Scapy 运行界面

">>>"是 Python 提示符，在该提示符下输入 ls()指令，则终端上会列出 Scapy 程序支持的网络协议，输入指令"lsc()"可以查看 Scapy 程序支持的指令集（函数）。例如，输入命令"ls(IP)"，终端上显示 IP 数据报的数据结构（IP 分组的首部格式）。

```
>>> ls(IP)
version    : BitField (4 bits)     = (4)
ihl        : BitField (4 bits)     = (None)
tos        : XByteField            = (0)
len        : ShortField            = (None)
```

```
id           : ShortField           = (1)
flags        : FlagsField (3 bits)  = (<Flag 0 ()>)
frag         : BitField (13 bits)   = (0)
ttl          : ByteField            = (64)
proto        : ByteEnumField        = (0)
chksum       : XShortField          = (None)
src          : SourceIPField        = (None)
dst          : DestIPField          = (None)
options      : PacketListField      = ([])
>>>
```

1.2 协议封装

我们用 Wireshark 软件和 Scapy 程序来展示协议封装的一些实例。

1. 抓包观察协议的封装

图 1-3 所示为 Wireshark 网络嗅探结果，这是一个 HTTP（Hyper Text Transfer Protocol，超文本传输协议）响应报文。

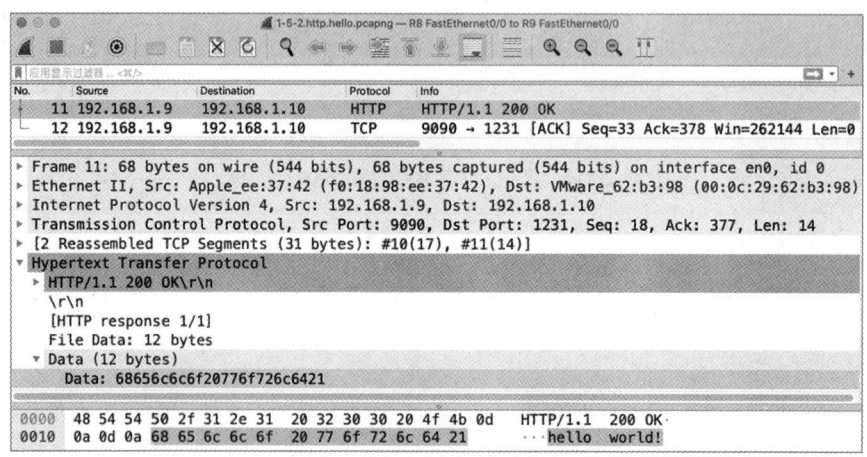

图 1-3　Wireshark 网络嗅探结果

图 1-3 中"Hypertext Transfer Protocol"指的是应用层使用了 HTTP，HTTP 是用于主机使用浏览器来访问某个站点的页面的主要协议，如使用浏览器访问百

度官网。这个 HTTP 响应报文中携带了 12 字节的数据"helloworld!"（有效载荷），这 12 字节的数据被 HTTP 响应报文中的 19 字节的首部封装，构成了应用层报文。注意，应用层报文也由两部分构成，分别是首部和有效载荷。应用层报文被封装到 TCP（Transmission Control Protocol，传输控制协议）报文段中，该报文段的有效载荷是 31 字节；TCP 报文段在网络层中被封装到 IP（Internet Protocol，互联网协议）分组中，IP 分组又被封装到以太网（Ethernet）帧中；最终该帧被发送给直连网络中的主机，该主机的 MAC 地址是"00:0c:29:62:b3:98"。

读者可以用 Wireshark 软件抓取访问其他网站的数据包，仔细观察协议封装的过程。

2. 构建数据包观察协议封装

在 Scapy 交互界面中输入以下几行代码，可以直观地理解协议封装。

```
>>> pkt = Ether()/IP()/UDP()/DNS()          # 协议封装
>>> pkt                                      # 显示封装结果
<Ether type=IPv4 |<IP frag=0 proto=udp |<UDP sport=domain |<DNS |>>>>
```

最后一行显示了协议封装的结果，每对符号"<>"中的内容是每个层次的协议报文。

（1）"<DNS |>"表示应用层 DNS（域名系统）报文，"|"后面的内容表示该报文中的有效载荷，这里没有有效载荷。

（2）"<UDP sport=domain |<DNS |>>"表示将 DNS 报文作为数据封装到 UDP（用户数据报协议）用户数据报中，"<DNS |>"是 UDP 用户数据报中的有效载荷。

（3）"<IP frag=0 proto=udp |<UDP sport=domain |<DNS |>>>"表示将 UDP 用户数据报封装到 IP 分组中，"<UDP sport=domain |<DNS |>>"是 IP 分组中的有效载荷。

（4）"<Ether type=IPv4 |<IP frag=0 proto=udp |<UDP sport=domain |<DNS |>>>>"表示将 IP 分组封装到以太网帧中，其有效载荷就是 IP 分组。

对等层间的协议是多种多样的，如应用层中有 HTTP、DNS、FTP（文件传输协议）等，因此必须考虑一个问题，在本层解封装之后，应该上交给上层的什么协议去处理？仔细观察上述协议封装。

（1）在以太网帧中用"type=IPv4"来告诉对等层，以太网帧中封装的数据是 IP 分组。

（2）在 IP 分组中用"proto=udp"来告诉对等层，IP 分组中封装的数据是 UDP 用户数据报。

（3）在 UDP 用户数据报中用"sport=domain"来告诉对等层，UDP 用户数据报中封装的数据是 DNS 报文。

由此可以知道：对等层中某一个具体的协议报文，一定包含有上层协议的相关信息，该信息用来告诉对等层，本层所封装的上层数据采用的是哪种协议。注意，协议是以代码的形式来指定的。例如，在 IP 分组中，UDP 的代码是 17，TCP 的代码是 6，ICMP（互联网控制报文协议）的代码是 1，等等。

1.3 越层封装

1. 数据封装

以下用几行 Scapy 代码（01～05）来实现越层的协议封装。

```
01: >>> Frame = Ether(src='f0:18:98:ee:37:42',
dst='d4:41:65:ee:5c:c0')              # 构造一个帧
02: >>> Ip = IP(src='192.168.1.10 ', dst='192.168.1.1')
                                      # 构造一个 IP 分组
03: >>> Icmp = ICMP(type=8, code=0)   # 构造一个 ICMP 回送请求报文
04: >>> pkt = Frame/Ip/Icmp           # 协议封装
05: >>> pkt.show()                    # 显示封装结果
06: ###[ Ethernet ]###                # 数据链路层：以太网帧
07:    dst= d4:41:65:ee:5c:c0         # 目的地址（第二层地址，MAC 地址）
08:    src= f0:18:98:ee:37:42         # 源地址（第二层地址，MAC 地址）
09:    type= IPv4                     # 以太网帧中封装的是 IP 分组
```

```
10: ###[ IP ]###                    # 网络层：IP 分组
11:     version= 4
12:     ihl= None
13:     tos= 0x0
14:     len= None
15:     id= 1
16:     flags=
17:     frag= 0
18:     ttl= 64
19:     proto= icmp                 # IP 分组中封装的是 ICMP 回送请求报文
20:     chksum= None
21:     src= 192.168.1.10           # 源 IP 地址（第三层地址，IP 地址）
22:     dst= 192.168.1.1            # 目的 IP 地址（第三层地址，IP 地址）
23:     \options\
24: ###[ ICMP ]###                  # ICMP 回送请求报文
25:     type= echo-request
26:     code= 0
27:     chksum= None
28:     id= 0x0
29:     seq= 0x0
```

在上述输出结果中，已经将重要的输出内容做了注释，其中，第 1~5 行代码是手动输入的内容，其余内容均为执行第 5 行代码输出的结果。

ICMP 也是应用层的协议之一，它直接被封装到了网络层的 IP 分组中，并没有被封装到运输层的协议之中，即 ICMP 越过了运输层协议而直接使用了网络层协议，最后 IP 分组又被封装到了数据链路层的以太网帧中。

ICMP 的主要作用之一是用来测试互联网上主机间的连通性，源主机向目的主机发送一个 ICMP 回送请求报文，目的主机收到该请求报文便会返回一个 ICMP 回送回答报文。Windows 操作系统中的一个很重要的命令 ping，采用的就是 ICMP。

本实验环境中，由于 IP 地址是"192.168.1.10"的源主机与 IP 地址是"192.168.1.1"的目的主机同处在一个直连的以太网中，因此，可以用 Scapy 程序提供的发送数据链路层帧函数 srp()直接将上述封装了数据的以太网帧发送给目的主机（注意，此处没有经过网络层进行转发）。

2. 发送帧

首先启动 Wireshark 软件并选择正确的网络接口进行抓包，然后执行以下发送数据帧的语句。

```
>>> ans, unans = srp(pkt)
Begin emission:
Finished sending 1 packets.
.*
Received 2 packets, got 1 answers, remaining 0 packets
```

3. 结果分析

函数 srp()返回的是一个元组，该元组中的数据类型是两个列表元素，其中，一个列表是 Results（响应），另一个列表是 Unanswered（未响应）。用 ans 和 unans 两个变量来分别保存函数 srp()返回元组中的这两个列表元素，ans 保存 Results 列表，unans 保存 Unanswered 列表，即 ans 是目的主机回送包的列表。列表中的元素又是元组，元组中的第 1 个元素是发送的包，第 2 个元素是收到的响应包（对发送包的响应）。具体结构如下。

（1）ans：[（发送的包 0，收到的响应包 0），（发送的包 1，收到的响应包 1），…]。

（2）ans[0]：（发送的包 0，收到的响应包 0）。

（3）ans[1]：（发送的包 1，收到的响应包 1）。

（4）ans[0][0]：发送的包 0。

（5）ans[0][1]：收到的响应包 0。

以此类推。

上述代码中，只发送了 1 个 ICMP 回送请求包 pkt，提示信息显示收到了 2 个包，其中一个是响应包，另一个是发送的原始包，即（发送的包 0，收到的响应包 0）。

用下列方法，可以显示指令 srp(pkt, timeout=1)返回的结果。

```
>>> ans[0][0].summary()
'Ether / IP / ICMP 192.168.1.10 > 192.168.1.1 echo-request 0'
>>> ans[0][1].summary()
'Ether / IP / ICMP 192.168.1.1 > 192.168.1.10 echo-reply 0 / Padding'
```

分析命令"ans[0][0].summary()"的输出结果（源主机发送的包）。

（1）"Ether / IP / ICMP"给出的是协议封装过程。

（2）"192.168.1.10 > 192.168.1.1"表明源主机"192.168.1.10"向目的主机"192.168.1.1"发送了报文。

（3）"echo-request 0"表明源主机发送的是 ICMP 回送请求报文。

命令"ans[0][0].show()"可显示更为详细的发送的包的信息，命令"ans[0][1].show()"可显示更为详细的收到的响应包的信息。

请读者自己分析目的主机返回的包。注意，"echo-reply 0"说明目的主机返回给源主机的是 ICMP 回送回答报文。图 1-4 所示为 Scapy 发包函数的抓包结果。

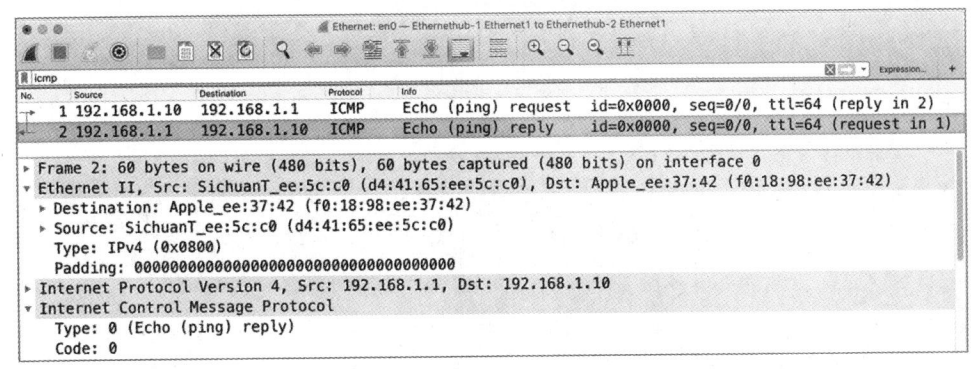

图 1-4　Scapy 发包函数的抓包结果

仔细观察图 1-4 所示的抓包结果，序号为 1 的包是前面构造并发送出去的包，序号为 2 的包是目的主机在收到 ICMP 回送请求报文后回送的 ICMP 回送回答报文，这与 Windows 操作系统中的 ping 命令的功能是一样的，即通过几行交互式的 Scapy 代码，实现了 ping 命令最基本的功能。如果将这几行代码组织成一个可运行的 Python 脚本程序，也就实现了类似于 ping 命令的功能，参考以下实验程序 1-1.py。

```python
01: # 实验程序 1-1.py，跨层封装，发送帧（向目的主机发送 ICMP 回送请求报文）
02:
03: from scapy.all import ICMP, IP, Ether, srp
04:
05: def pingEx(srcip, dstip, srcmac, dstmac):
06:     '''发送帧的 ping'''
07:     Frame = Ether(src=srcmac, dst=dstmac)
08:     Ip = IP(src=srcip, dst=dstip)
09:     Icmp = ICMP(type=8, code=0)
10:     #Icmp = ICMP(type=8, code=0)/b'12345678'
11:     pkt = Frame/Ip/Icmp
12:
13:     try:
14:         print('\'{}\' ==> \'{}\' 发送回送请求报文'.format(
15:             pkt[IP].src, pkt[IP].dst))
16:
17:         # 发送帧并接收返回的包
18:         ans, unans = srp(pkt, timeout=1, verbose=False)
19:
20:         print('\'{}\' ==> \'{}\' 返回回送回答报文'.format(
21:             ans[0][1][IP].src, ans[0][1][IP].dst))
22:
23:         print('收到的以太网帧：')
24:         print('{:<7}{}'.format('源地址：', ans[0][1][Ether].src))
25:         print('{:<6}{}'.format('目的地址：', ans[0][1][Ether].dst))
26:         print('{:<8}{}'.format('类型：', hex(ans[0][1][Ether].type)))
27:
28:         print('帧中封装的 IP 分组：')
29:         print('{:<7}{}'.format('源地址：', ans[0][1][IP].src))
30:         print('{:<6}{}'.format('目的地址：', ans[0][1][IP].dst))
31:         print('{:<8}{}'.format('协议：', hex(ans[0][1][IP].proto)))
32:
33:         print('IP 分组中封装的 ICMP 回送回答报文：')
```

```
34:         print('{:<8}{}'.format('类型:', ans[0][1][ICMP].type))
35:         print('{:<8}{}'.format('代码:', ans[0][1][ICMP].code))
36:         # 输出ICMP报文的负载
37:         print(ans[0][1][ICMP].load.decode('utf-8'))
38:
39:     except Exception as e:
40:         print('Error.{}'.format(e))
41:
42: if __name__ == '__main__':
43:     # 以下四个参数根据实际网络进行修改
44:     srcip = '192.168.1.10'
45:     dstip = '192.168.1.1'
46:     srcmac = 'f0:18:98:ee:37:42'
47:     dstmac = 'd4:41:65:ee:5c:c0'
48:
49:     pingEx(srcip, dstip, srcmac, dstmac)
```

第 44 行代码指定了源主机的 IP 地址，第 45 行代码指定了目的主机的 IP 地址，第 46 行代码指定了源主机的 MAC 地址，第 47 行代码指定了目的主机的 MAC 地址。这几个地址需要程序编写者根据实验环境进行修改。

有编程基础的读者，理解实验程序 1-1.py 所示的 Python 程序并不是十分困难的。在实验程序 1-1.py 中，第 7～11 行代码和第 18 行代码是最核心的几行代码，已在 Scapy 交互方式中正确运行；第 20～37 行代码的功能是输出函数 srp() 返回的信息。实验程序 1-1.py 的运行结果如下。

```
Mac-mini:code $ python 1-1.py
'192.168.1.10 ' ==> '192.168.1.1' 发送回送请求报文
'192.168.1.1' ==> '192.168.1.10 ' 返回回送回答报文
收到的以太网帧：
源地址：    d4:41:65:ee:5c:c0
目的地址：  f0:18:98:ee:37:42
类型：      0x800
帧中封装的IP分组：
源地址：    192.168.1.1
目的地址：  192.168.1.10
```

协议：	0x1
IP 分组中封装的 ICMP 回送回答报文：	
类型：	0
代码：	0

在收到的以太网帧中，类型为十六进制的"0x800"，说明该帧中封装的数据是 IP 分组。在 IP 分组中，协议为"0x1"，说明该 IP 分组中封装的数据是 ICMP 报文。在 ICMP 报文中，类型为 0，代码为 0，说明这是一个 ICMP 回送回答报文（程序中发送的是 ICMP 回送请求报文）。注意，实验程序 1-1.py 中并没有使用运输层协议，也就是说应用层程序越过了运输层协议而直接使用了网络层协议。

4. 问题讨论

（1）获取目的主机的 MAC 地址的方法。

由于在直连网络中发送帧，因此发送方需要知道源主机和目的主机的第二层地址（MAC 地址，也称为硬件地址）。在这种情况下，如何获取目的主机的 MAC 地址成为最关键的问题。在 Windows 操作系统中，管理员可以使用 ipconfig/all 命令手动获取本机网络接口（网卡）的 IP 地址和 MAC 地址（macOS 操作系统、部分 Linux 操作系统使用 ifconfig 命令，有些 Linux 操作系统使用 ipaddr 命令）。因此，管理员可以使用该命令，为直连网络中的每台主机建立一个 IP 地址与 MAC 地址的对应表，以实现直连网络中主机间帧的发送与接收。

这种由管理员手动管理直连网络中主机 MAC 地址的方式难以应付主机更换网卡或网卡损坏的问题。若主机更换网卡，其 MAC 地址也会随之发生变化。后续章节中将会介绍 ARP（地址解析协议），主机采用 ARP 来自动获取直连网络中目的主机的 MAC 地址，从而自动建立目的主机的 IP 地址与 MAC 地址的对应表（注意，IPv6 不再使用 ARP）。

（2）ICMP 报文负载。

将实验程序 1-1.py 中第 9 行、第 10 行的代码稍作修改：在第 9 行代码前添加注释符号"#"，将该行改为注释行；删除第 10 行代码行首的注释符号"#"，

将该行改为语句行,即给 ICMP 报文添加 8 字节的负载数据"12345678",修改结果如下:

```
09:     #Icmp = ICMP(type=8, code=0)
10:     Icmp = ICMP(type=8, code=0)/b'12345678'
```

启动 Wireshark 抓包后,重新运行实验程序 1-1.py,观察程序的输出结果和抓包结果。

第 2 章　数据链路层实验

> **实验目的：**

掌握 VLAN 的配置和管理方法。

理解 802.3 以太网帧和 802.1Q 帧。

理解 STP。

掌握利用 Python 语言实现以太网帧的发送与接收的方法。

2.1　VLAN 与 STP

1. 简单的网络

在 GNS3 软件中组建一个只有一台交换机、两台计算机的简单网络（只要交换机接口够用，可以接入更多的计算机），网络拓扑如图 2-1 所示，该网络拓扑主要用于实现和验证 VLAN（虚拟局域网）。

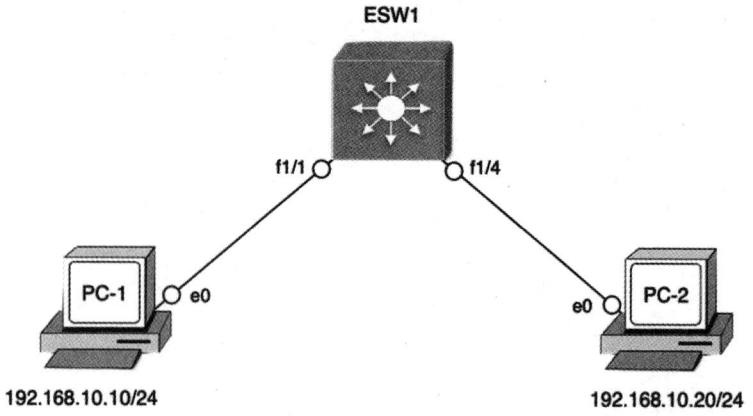

图 2-1　网络拓扑

图 2-1 中，f1/1 表示以太网交换机 ESW1 中第 1 个模块上的第 1 个快速以太网接口，其他接口名称依次类推；e0 表示计算机上的网卡。注意，本实验使用 Cisco IOS c3660-a3jk9s-mz.124-25d.image 来仿真三层交换机，该交换机中有两个模块：第 0 个模块上的接口（如 f0/0、f0/1）是三层接口，这些接口可以配置网络层的 IP 地址，用于网络互联；第 1 个模块上的接口是二层接口，用于接入主机。"192.168.10.10/24"和"192.168.10.20/24"分别是指派给计算机 PC-1 和 PC-2 的网卡 e0 的 IP 地址。在 GNS3 软件中，通过鼠标双击某台设备，便能启动仿真终端，用户可以在该终端中对设备进行配置和管理。例如，为图 2-1 中的计算机 PC-1 配置 IP 地址的命令如下。

```
PC-1> ip 192.168.10.10/24
Checking for duplicate address...
PC1 : 192.168.10.10 255.255.255.0

PC-1> save
Saving startup configuration to startup.vpc
.  done
```

根据上述命令，读者可以为计算机 PC-2 配置 IP 地址"192.168.10.20/24"。当完成了对计算机 PC-1 和计算机 PC-2 IP 地址的配置后，便组建成了一个非常简单的快速以太网。不需要对交换机进行任何配置，计算机 PC-1 便能访问计算机 PC-2。然后，进行以下操作。

（1）在计算机 PC-1 与交换机 ESW1 之间的链路上启动抓包。在链路上右击，在弹出的快捷菜单中选择抓包选项。

（2）在计算机 PC-1（或计算机 PC-2）中运行 ping 命令。

```
PC-1> ping 192.168.10.20
...
84 bytes from 192.168.10.20 icmp_seq=5 ttl=64 time=0.346 ms
```

（3）参考图 2-2 分析以太网帧的格式。

```
Ethernet II, Src: 00:50:79:66:68:04, Dst: 00:50:79:66:68:05
    Destination:00:50:79:66:68:05
```

```
Source: 00:50:79:66:68:04
Type: IPv4 (0x0800)
Frame check sequence: 0x3c3d3e3f
Internet Protocol Version 4, Src: 192.168.10.10, Dst: 192.168.10.20
Internet Control Message Protocol
```

Wireshark 抓包的解码结果如图 2-2 所示。注意，以太网帧中的 Type 字段为 "0x0800"，说明以太网帧中封装数据（Body）的类型是 IPv4 分组（见图 2-2 中浅色阴影部分）。而在 IPv4 分组中封装数据的类型是 ICMP 报文（见图 2-2 中深色阴影部分）。可以看出，所谓的协议封装是类似于"套娃"的组合玩具：以太网帧是个盒子，里面封装了一个 IPv4 分组，而 IPv4 分组又是一个盒子，里面装了 ICMP 报文（ICMP 报文也是一个盒子）。那么，接收端如何知道 IPv4 分组中封装的是 ICMP 报文呢？这个问题可以在网络层得到解决。

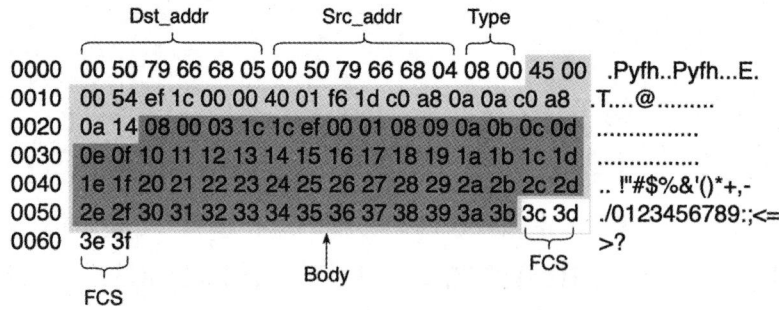

图 2-2　Wireshark 抓包的解码结果

（4）VLAN 的配置与验证。

在交换机 ESW1 上配置 VLAN10，将接口 f1/1 分配到 VLAN10 中，即计算机 PC-1 属于 VLAN10，计算机 PC-2 仍属于 VLAN1（默认情况下，交换机的所有接口都属于 VLAN1）。

```
ESW1#vlan database
ESW1(vlan)#vlan 10
VLAN 10 added:
    Name: VLAN0010
ESW1(vlan)#exit
```

```
ESW1#conf t
ESW1(config)#int f1/1
ESW1(config-if)#switchport access vlan 10
ESW3(config-if)#end
ESW1#wr
```

在交换机中查看 VLAN 基本信息的命令如下（省略了输出结果）。

```
ESW3#show vlan-switch brief
```

再次验证计算机 PC-1 与计算机 PC-2 的连通性。

```
PC-1> ping 192.168.10.20
……
192.168.10.20 icmp_seq=5 timeout
```

由于计算机 PC-1 和计算机 PC-2 分别属于不同的 VLAN，因此它们之间不能相互访问。

2. Trunk 与 STP

在实际工程中，网络拓扑较为复杂，图 2-3 所示为一个小型单位所使用的网络拓扑。该网络一共划分了 4 个 VLAN(每个 VLAN 对应一个部门)。交换机 ESW1 的接口 f1/1 和交换机 ESW2 的接口 f1/1 属于 VLAN10；交换机 ESW1 的接口 f1/4 属于 VLAN20，交换机 ESW1 的接口 f1/7 属于 VLAN30；除 VLAN80 外(该 VLAN 是网络中心的服务器场)，其余 VLAN 中的主机均接入二层交换机(图 2-3 中的交换机 ESW1、交换机 SW2 等，每个二层交换机中可以接入多台主机)。交换机 ESW1 与交换机 ESW2 之间配置了 2 条采用 802.1Q 协议的 VLAN 干线(常称为 VLAN 中继线)。

注意：交换机 ESW1 和交换机 ESW2 的 IOS 为 3660，在添加 IOS 时，需勾选 "This is an EtherSwitch router" 选项，这样添加的三层设备会自动添加二层模块 NM-16ESW（slot 1：16 个二层快速以太网接口），并带有一个三层模块 Leopard-2FE（slot 0：2 个三层快速以太网接口）。

"192.168.10.0/24" 是分配给 VLAN10 的 IP 地址，计算机 PC-1 的 e0 旁边的 "10.11" 是给该接口所分配的 IP 地址的最后 2 字节，其完整的 IP 地址是

"192.168.10.11/24"。其余 VLAN 及主机的 IP 地址，请参考图 2-3。然后，进行以下操作。

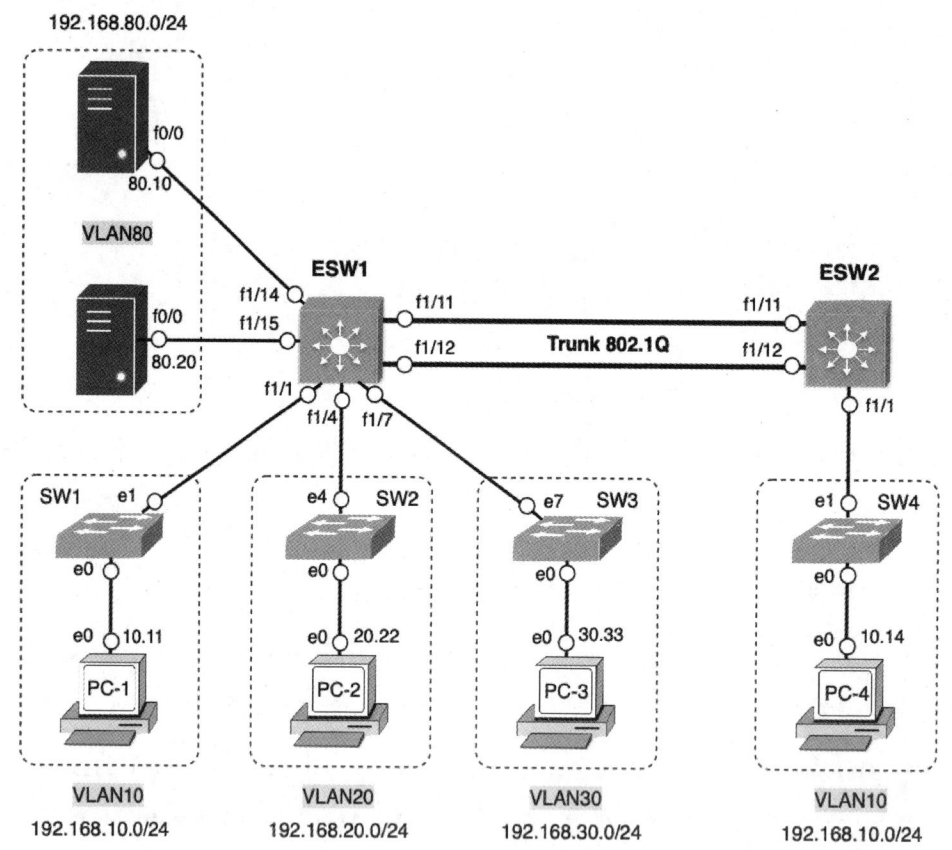

图 2-3　一个小型单位所使用的网络拓扑

参考前面的实验命令分别在交换机 ESW1 和交换机 ESW2 上完成配置 VLAN 和所有主机 IP 地址的工作。本实验中，交换机 ESW1 配置了 VLAN10、VLAN20、VLAN30 和 VLAN80，而在交换机 ESW2 中仅配置了 VLAN10。注意，在 Cisco 设备中，可以采用 Cisco 公司私有的 VLAN 中继协议（VLAN Trunking Protocol，VTP）来管理和配置 VLAN 中继。以下给出交换机 ESW1 的配置过程，请读者参考该配置过程，自行配置交换机 ESW2。

（1）配置 VLAN 信息。

```
ESW1#vlan database
ESW1(vlan)#vlan 10
```

```
VLAN 10 added:
    Name: VLAN0010
ESW1(vlan)#vlan 20
VLAN 20 added:
    Name: VLAN0020
ESW1(vlan)#vlan 30
VLAN 30 added:
    Name: VLAN0030
ESW1(vlan)#vlan 80
VLAN 80 added:
    Name: VLAN0080
ESW1(vlan)#exit
APPLY completed.
Exiting....
```

（2）划分接口到 VLAN 中。

```
ESW1#conf t
ESW1(config)#int f1/1
ESW1(config-if)#switchport access vlan 10
ESW1(config-if)#int f1/4
ESW1(config-if)#switchport access vlan 20
ESW1(config-if)#int f1/7
ESW1(config-if)#switchport access vlan 30
ESW1(config-if)#int range f1/14 - 15
ESW1(config-if-range)#switchport access vlan 80
ESW1(config-if-range)#end
ESW1#wr
```

（3）配置 Trunk 中继接口。

```
ESW1#conf t
ESW1(config)#int range f1/11 - 12
ESW1(config-if-range)#switchport mode trunk
ESW1(config-if-range)#switchport trunk encapsulation dot1q
ESW1(config-if-range)#end
ESW1#wr
```

在交换机 ESW2 上，用同样的方法来配置 VLAN 10 的信息并将接口 f1/1 划分到 VLAN 10 中，将接口 f1/11、f1/12 配置为中继接口。注意，中继接口默认使用 802.1Q 协议，因此可以不用执行配置命令"switchport trunk encapsulation dot1q"来指定中继接口采用 802.1Q 协议。

（4）在交换机 ESW1 和交换机 ESW2 上执行命令"show int trunk"查看交换机中继接口的基本信息。

```
ESW1#show int trunk
...
Port        Vlans in spanning tree forwarding state and not pruned
Fa1/11      1,10,20,30,80
Fa1/12      1,10,20,30,80


ESW2#show int trunk
...
Port        Vlans in spanning tree forwarding state and not pruned
Fa1/11      1,10
Fa1/12      none
```

从上述结果中可以看到，在交换机上执行 STP（生成树协议）算法之后，交换机 ESW2 的接口 f1/11 可以转发 VLAN1 和 VLAN10 的数据流量，而接口 f1/12 在生成树中的转发状态是"none"，即该接口不会转发 VLAN1 和 VLAN10 的数据流量，这样就消除了交换机 ESW1 和交换机 ESW2 之间的环路。注意，输出结果中的接口"Fa1/11"就是接口"f1/11"，其余接口类似。也可以通过以下命令，来查看交换机中每个 VLAN 的生成树（Cisco 设备使用 PVST 生成树算法可以为每个 VLAN 创建一棵生成树）。

```
ESW2#show spanning-tree vlan 10 bri

VLAN10
...
Name              Port ID  Prio  Cost Sts  Cost Bridge ID        Port ID
                  -------- ----- ---- ---- ---- ---------------- -------
FastEthernet1/1   128.42   128   19   FWD  19   32768 cc02.05a6.0000 128.42
```

```
FastEthernet1/11  128.52  128  19  FWD  0  32768  cc01.05a5.0000  128.52
FastEthernet1/12  128.53  128  19  BLK  0  32768  cc01.05a5.0000  128.53
```

从上述结果中可以看出，交换机 ESW2 的接口 FastEthernet1/12（f1/12）处于"BLK"（Blocking，阻塞）状态，它不会转发数据流量。注意，"FWD"即 Forwarding（转发）。

（5）抓取 802.1Q 帧及 STP。

由于交换机 ESW2 的中继接口 f1/12 不会转发数据流量，因此，需要在两台交换机的中继接口 f1/11 相连的链路上启动抓包（读者需依据实际实验情况选择抓包链路）。

在计算机 PC-1 上用 ping 命令访问计算机 PC-4（它们同属于 VLAN10），以下是抓到的 802.1Q 帧。

```
Ethernet II, Src:00:50:79:66:68:00, Dst: 00:50:79:66:68:03
802.1Q Virtual LAN, PRI: 0, DEI: 0, ID: 10
    000. .... .... .... = Priority: Best Effort (default) (0)
    ...0 .... .... .... = DEI: Ineligible
    .... 0000 0000 1010 = ID: 10
    Type: IPv4 (0x0800)
Internet Protocol Version 4, Src: 192.168.10.10, Dst: 192.168.10.14
Internet Control Message Protocol
```

从抓取结果中可以看到：交换机 ESW1 的中继接口在计算机 PC-1 发送给计算机 PC-2 的帧中插入了 802.1Q 标签，该标签的 VLAN ID 是 10。读者可以在计算机 PC-1 与交换机 ESW1 之间的链路、交换机 ESW1 的接口 f1/11 与交换机 ESW2 相连的中继链路，以及交换机 ESW2 与计算机 PC-2 之间的链路上同时启动三个抓包，观察计算机 PC-1 发出的帧在这三段链路上的变化情况。当然，在抓包结果中，包含很多交换机间执行 STP 算法的帧。

读者可以将交换机 ESW1 的接口 f1/11 关闭，或将交换机 ESW2 的接口 f1/11 关闭（模拟使用中的链路出现故障），再次观察中继接口的相关信息。在接口配置模式下，关闭交换机接口的命令是"shutdown"，启用交换机接口的命令是"no shutdown"，例如：

```
ESW1#conf t
ESW1(config)#int f1/11
ESW1(config-if)#shutdown
ESW1(config-if)#
ESW1(config-if)#end
ESW1#
```

执行完上述命令，在交换机 ESW2 上不断重复执行命令"show spanning-tree vlan 10 bri"，则可以观察到交换机执行生成树算法时，交换机 ESW2 的接口 f1/12 的各种状态："LIS"（Listening，侦听状态）、"LRN"（Learning，学习状态）和"FWD"（Forwarding，转发状态）。

```
ESW2#show spanning-tree vlan 10 bri
...
FastEthernet1/12    128.53    128    19 LIS    0 32768 cc01.05a5.0000 128.53
...
FastEthernet1/12    128.53    128    19 LRN    0 32768 cc01.05a5.0000 128.53
...
FastEthernet1/12    128.53    128    19 FWD    0 32768 cc01.05a5.0000 128.53
```

注意，接口从"BLK"状态变为"FWD"状态需要 30～50s 的时间，这对于很多实时性很强的网络应用来说是不可忍受的，这也是 PVST 生成树算法最致命的一个缺点。

2.2 交换机 MAC 地址学习

交换机中的 MAC 地址表是交换机通过自学习功能得到的，初始情况下，交换机的 MAC 地址表是空的。在图 2-3 中，当交换机启动后，可以用以下命令查看其动态学习得到的 MAC 地址表（交换机 ESW2 的 MAC 地址表也为空）。

```
ESW1#show mac-address-table dynamic
Non-static Address Table:
Destination Address  Address Type  VLAN  Destination Port
-------------------  ------------  ----  ----------------
```

另外需要注意的是，主机也会保存曾经访问过它的主机的 MAC 地址，初始状态下，主机的 MAC 地址表也为空。在 Windows 操作系统中，命令"arp-a"可以查看本机保存的 MAC 地址表的信息。

```
C:\Users\Administrator>arp -a

接口: 192.168.1.13 --- 0xa
  Internet 地址          MAC 地址                类型
  192.168.1.1           d4-41-65-ee-5c-c0       动态
  192.168.1.255         ff-ff-ff-ff-ff-ff       静态
```

当接入交换机中的主机访问其他目的主机时，交换机便可学习得到源主机的 MAC 地址，如果目的主机发送了响应数据，交换机也会学习得到目的主机的 MAC 地址。在图 2-3 中，当计算机 PC-1 访问了计算机 PC-4 后，再次查看交换机 ESW1 的 MAC 地址表的命令如下（请读者自行编写命令查看交换机 ESW2 的 MAC 地址表）。

```
ESW1#show mac-address-table dynamic
Non-static Address Table:
Destination Address  Address Type  VLAN  Destination Port
-------------------  ------------  ----  --------------------
0050.7966.6800       Dynamic       10    FastEthernet1/1
0050.7966.6803       Dynamic       10    FastEthernet1/11
```

查看计算机 PC-1 的 MAC 地址表的命令如下，同样可以查看计算机 PC-4 的 MAC 地址表。

```
PC-1> arp

00:50:79:66:68:03  192.168.10.14 expires in 108 seconds
```

通过上述实验，可以了解到交换机的 MAC 地址记录是一个五元组：（所属 VLAN，目的 MAC 地址，出接口，表项类型，有效时间）。表项类型分为静态和动态两种类型，静态表项不会被删除；有效时间也常称为老化时间。在有效时间过期后，某条动态 MAC 地址记录如果没有被更新，则该 MAC 地址记录就会被删除。

默认情况下,GNS3 软件中计算机的 MAC 地址记录的有效时间是 120s,交换机的 MAC 地址记录的有效时间是 300s,可以用命令"show mac-address-table aging-time"进行查看。管理员可以通过某些命令对交换机的 MAC 地址记录的有效时间进行修改。例如,在配置模式下,利用以下命令可将交换机 ESW1 的 MAC 地址记录的有效时间改为 200s。

```
ESW1(config)#mac-address-table aging-time 200
```

也可以通过完善以下命令来增加静态或动态的 MAC 地址记录。

```
ESW1(config)#mac-address-table static/dynamic …
```

2.3 帧的发送与接收

在直连的网络(如以太网)中,源主机将需要发送给目的主机的数据封装在帧中,在帧的首部指明接收该帧的目的主机的 MAC 地址,然后将该帧发送到链路上即可。在本节的实验中,用 Python 语言和 Scapy 程序来仿真这一过程:源主机发送帧给目的主机,目的主机收到帧后发送确认消息给源主机。发送帧的源主机运行实验程序 2-1.py,接收帧的目的主机运行实验程序 2-2.py。需要先运行实验程序 2-2.py,再运行实验程序 2-1.py。

实验程序 2-1.py 如下。

```
01: # 实验程序 2-1.py 向目的主机发送消息帧
02: # 接收并处理收到的确认消息帧
03:
04: from threading import Thread
05: from scapy.all import sniff, Ether, srp
06:
07:
08: DST_MAC = '11:bb:cc:dd:ee:11'
09: MY_MAC = '00:bb:cc:dd:ee:00'
10:
11: def sniffer_pkt():
```

```
12:     '''嗅探数据包'''
13:     # 将嗅探结果交给函数 handle_pkt 处理
14:     sniff(prn=handle_pkt)
15:
16:
17: def handle_pkt(pkt):
18:     '''
19:     处理嗅探到的数据包:
20:     收到确认消息之后退出程序
21:     '''
22:     # 处理发送给自己的单播帧
23:     if (pkt[Ether].dst == MY_MAC
24:         and pkt[Ether].src == DST_MAC):
25:
26:         print("4. 收到来自: '{}' 的确认消息帧 '{}'".format(
27:             pkt[Ether].src, pkt[Ether].load.decode()))
28:         # 退出程序
29:         exit()
30:
31:
32: def send_msg(msg):
33:     '''发送消息帧给目的主机'''
34:     # 构建一个以太网帧,目的主机的 MAC 地址是 aa:bb:cc:dd:ee:ff
35:     sendpkt = Ether(src=MY_MAC, dst=DST_MAC)/msg
36:     # 发送消息帧
37:     print("1. 发送 'Hello, World!' 消息帧给目的主机 {}。".format(DST_MAC))
38:     srp(sendpkt, verbose=False)
39:
40:
41: if __name__ == '__main__':
42:     # 启动嗅探线程
43:     msg = 'Hello World!'
44:     re = Thread(target=sniffer_pkt, args=())
45:     re.start()
46:     # 发送消息帧给目的主机
47:     send_msg(msg)
```

如果网络中的主机很多，源主机采用这种静态的方法来指定目的主机的MAC地址是十分不方便的。一方面，如果目的主机更换了网卡，其MAC地址一定会发生变化；另一方面，这种静态的方法难以适应不断有新主机接入网络或旧主机退出网络的情况。因此，找到一个好的办法来获取目的主机的MAC地址是非常有必要的，ARP很好地解决了这一问题。

实验程序2-2.py如下。

```
01: # 实验程序 2-2.py 接收并处理源主机发送的消息帧
02: # 向源主机发送确认消息帧
03:
04: from scapy.all import sniff, Ether, srp
05:
06: MY_MAC = '11:bb:cc:dd:ee:11'
07:
08: def sniffer_pkt():
09:     '''嗅探数据包'''
10:     # 将嗅探结果交给函数 handle_pkt 处理
11:     sniff(prn=handle_pkt)
12:
13:
14: def handle_pkt(pkt):
15:     '''
16:     处理嗅探到的数据包：收到消息之后发送确认帧，然后退出程序
17:     '''
18:     # 处理发送给自己的单播帧
19:     if pkt[Ether].dst == MY_MAC:
20:         print("2. 收到来自：'{}' 的消息 '{}'".format(
21:             pkt[Ether].src, pkt[Ether].load.decode())
22:         )
23:         # 发送确认消息
24:         msg = 'ok'
25:         # 构建一个以太网帧，目的主机的MAC地址是嗅探到的帧的源地址
26:         sendpkt = Ether(src=MY_MAC, dst=pkt[Ether].src)/msg
27:         # 发送确认消息帧
28:         print("3. 发送 'Ok' 消息帧给源主机 {}。".format(pkt
```

```
[Ether].src))
29:        srp(sendpkt, verbose=False)
30:        # 退出程序
31:        exit()
32:
33:
34: if __name__ == '__main__':
35:     # 嗅探网络数据包
36:     sniffer_pkt()
```

在实验程序 2-2.py 中，第 26 行代码在构建以太网帧时，目的主机的 MAC 地址是接收到的消息帧的源主机的 MAC 地址。

实验程序 2-1.py 和实验程序 2-2.py 的运行结果分别如图 2-4 和图 2-5 所示。

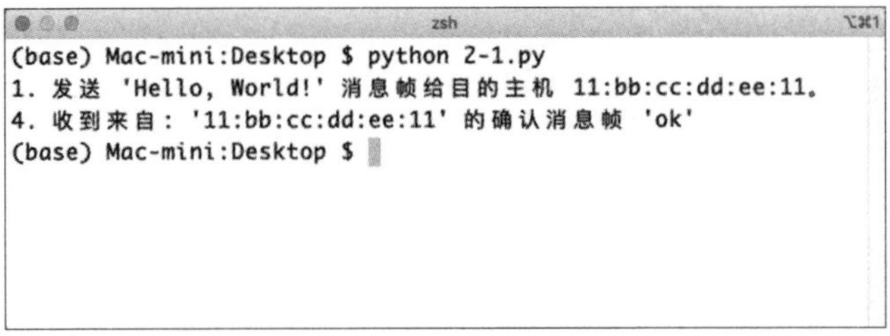

```
(base) Mac-mini:Desktop $ python 2-1.py
1. 发送 'Hello, World!' 消息帧给目的主机 11:bb:cc:dd:ee:11。
4. 收到来自：'11:bb:cc:dd:ee:11' 的确认消息帧 'ok'
(base) Mac-mini:Desktop $
```

图 2-4　源主机发送消息帧并接收确认消息帧

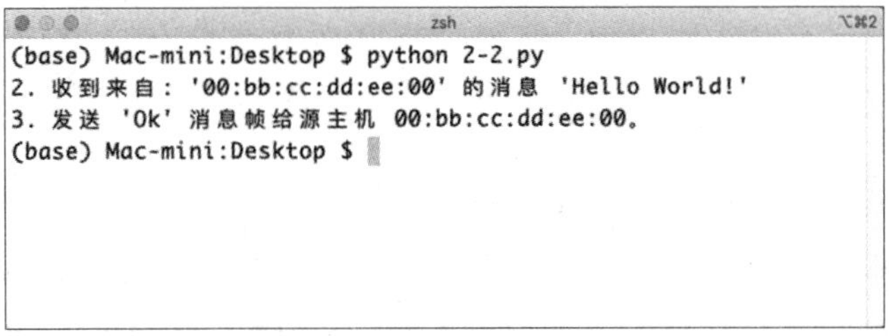

```
(base) Mac-mini:Desktop $ python 2-2.py
2. 收到来自：'00:bb:cc:dd:ee:00' 的消息 'Hello World!'
3. 发送 'Ok' 消息帧给源主机 00:bb:cc:dd:ee:00。
(base) Mac-mini:Desktop $
```

图 2-5　目的主机接收消息帧并发送确认消息帧

第 3 章　网络层实验

实验目的：

掌握单臂路由的配置方法，使企业网络接入互联网。

掌握配置 DHCP 和 NAT 的方法，使企业内网主机自动获取私有 IP 地址，且通过 NAT 方式访问互联网。

掌握单区域 OSPF 的配置与管理方法。

掌握路由追踪程序的实现方法。

掌握利用 ARP 实现活动主机探测的方法。

3.1　单臂路由接入互联网

1. 基本要求

在前面实验的基础上，需要实现处于不同子网（VLAN）中主机间的通信，这需要使用路由器来转发各子网间的分组。本实验还需要将企业网络连接到互联网中。为了完成本实验，需要在图 2-3 的基础上增加两个路由器：路由器 R1 是企业内部路由器，其功能是完成企业内各子网间的分组转发；路由器 R2 是 ISP（互联网服务提供商）路由器，其功能是将企业网络接入互联网。本实验的网络拓扑如图 3-1 所示。

注意：路由器 R1 与路由器 R2 的 IOS 为 C3745，其三层模块为 GT96100-FE，带有两个快速以太网接口（f0/0、f0/1）。广域网模块是手动添加的：模块 WIC-1T 表示只有一个串行接口，WIC-2T 表示有两个串行接口。

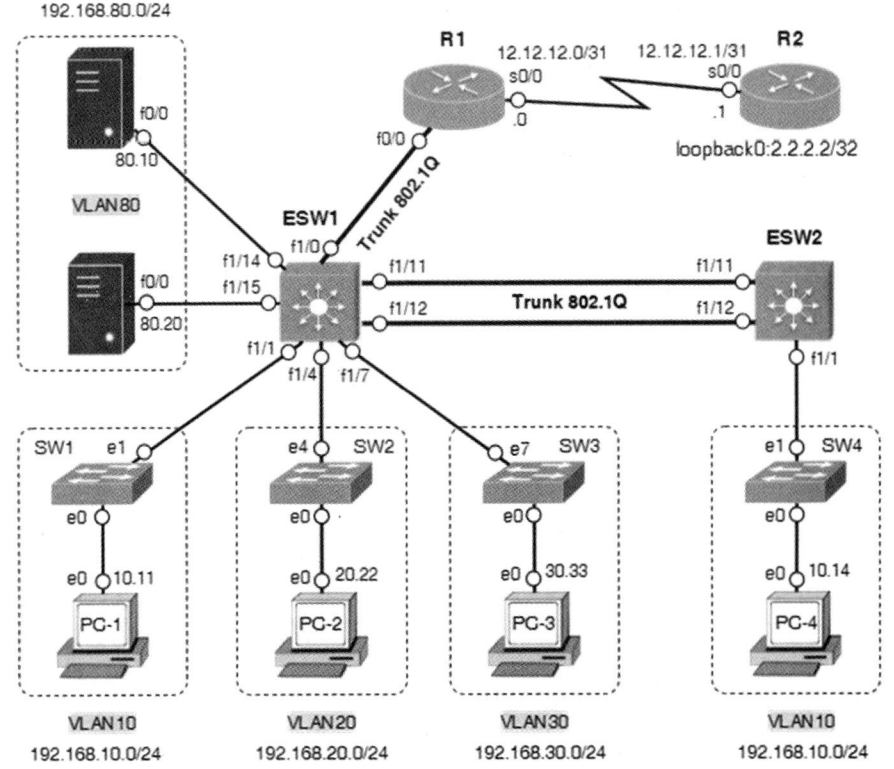

图 3-1 企业网络接入互联网

在图 3-1 中，路由器 R1 的接口 f 0/0 是一个三层接口，即该接口可以配置 IP 地址，三层交换机 ESW1 的二层接口 f1/0 与其相连。理论上来说，要实现企业内部的 4 个子网间的互联互通，路由器 R1 需要 4 个三层接口，且这 4 个接口分属于企业内部的 4 个子网，即这 4 个接口上配置的 IP 地址是分属于这 4 个子网的。这很容易理解，这 4 个 IP 地址分别就是 4 个子网的网关。如果企业内部有很多子网，这种实现子网间互通的路由方式，需要消耗路由器更多的硬件接口，价格也更贵。在实际的工程应用中，可以采取单臂路由来解决这一问题。所谓单臂路由就是利用 Trunk 和子接口来实现子网间的路由，仅占用路由器的一个三层接口；另一种实现方式是使用三层交换机 ESW1 的路由功能，请读者自行完成这种实现方法。

为了实现单臂路由，首先需要将交换机 ESW1 与路由器 R1 之间的链路配置成 Trunk 模式，即将交换机 ESW1 的接口 f1/0 设置为 Trunk 模式。然后将路由器

R1 的三层接口 f0/0 划分为若干个子接口，每个子接口的 IP 地址配置对应子网中的 IP 地址（子网的网关），并且封装成 802.1Q 协议。最后，为各子网中的设备指定正确的网关（对应子接口的 IP 地址）。

注意，本实验直接使用私有 IP 地址与外部互联网互相通信，真实的工程环境中需要在路由器 R1 上配置 NAT（网络地址转换）来进行地址转换（参考 3.3 节）。企业通过 ISP 路由器 R2 接入互联网，实验中我们采用路由器 R2 上的一个 loopback 接口来充当互联网中的某台主机，该 loopback 接口的 IP 地址是 2.2.2.2/32。

路由器 R1 与路由器 R2 之间是一条点对点的链路，这个特殊的网络使用的是 12.12.12.0/31 子网，这个子网中只有两个 IP 地址：地址 12.12.12.0/31 分配给路由器 R1 的接口 s0/0，地址 12.12.12.1/31 分配给路由器 R2 的接口 s0/0。要实现企业网络访问互联网（如访问 2.2.2.2），需要在路由器 R1 上配置一条默认路由，该路由的下一跳是路由器 R2（12.12.12.1），当然，路由器 R2 也必须配置一条指向企业网络的静态路由（注意，实际工程中不能路由私有 IP 地址），该静态路由的下一跳是路由器 R1（12.12.12.0）。

2. VLAN 间的互通

在第 2 章的实验中，已经完成了配置 VLAN、交换机 ESW1 和交换机 ESW2 之间的 Trunk 链路及各主机的 IP 地址的配置，验证了同一 VLAN 跨交换机的连通性（计算机 PC-1 和计算机 PC-4 互通）。要实现不同子网间的互通，主机除了要配置 IP 地址和子网掩码，还要配置网关。在实际的工程应用中，常常使用每个子网中的最小或最大的 IP 地址作为该子网的网关。例如，对于 192.168.10.0/24 这个子网，通常指定 192.168.10.1/24 作为该子网的网关。因此，在仿真环境下，首先将各主机的 IP 地址删除，然后重新配置 IP 地址和网关。这里仅给出计算机 PC-1 的配置过程，其他主机参照配置即可。

（1）主机的配置。

```
01: PC-1> clear ip
02: IPv4 address/mask, gateway, DNS, and DHCP cleared
```

```
03: PC-1> ip 192.168.10.11/24 gateway 192.168.10.1
04: PC-1> save
```

第 1 行代码，删除主机原有 IP 地址的配置信息。

第 3 行代码，配置 IP 地址和网关，网关为 192.168.10.1。

第 4 行代码，保存配置。

由于服务器是由路由器仿真实现的，因此，需要配置一条默认路由来访问其他子网和互联网。

```
01: WWW#conf t
02: WWW(config)#ip route 0.0.0.0 0.0.0.0 192.168.80.1
03: WWW(config)#end
04: WWW#wr
```

第 2 行代码为路由器配置了一条默认路由，下一跳是该子网的网关 192.168.80.1。

（2）交换机的配置。

交换机 ESW1 与路由器 R1 之间的链路需要允许所有 VLAN 中的数据流量通过，因此需要将交换机 ESW1 的接口 f1/0 配置为 Trunk 模式。

```
01: ESW1#conf t
02: ESW1(config)#int f1/0
03: ESW1(config-if)#switchport mode trunk
04: ESW1(config-if)#no shut
05: ESW1(config-if)#end
06: ESW1#wr
```

（3）路由器的配置。

需要将路由器 R1 的接口划分出 4 个子接口，每个子接口分属不同的子网，子接口的 IP 地址即子网的网关，这里给出属于 VLAN10 的子接口的配置命令，其他子接口的配置方法与此相同。

```
01: R1#conf t
02: R1(config)#int f0/0
03: R1(config-if)#no shut
```

```
04: R1(config-if)#int f0/0.10
05: R1(config-subif)#encapsulation dot1q 10
06: R1(config-subif)#ip address 192.168.10.1 255.255.255.0
07: R1(config-subif)#no shut
```

第 5 行代码，子接口 f0/0.10 封装了 802.1Q 协议，且承载 VLAN10 中的数据流量。

第 6 行代码，为子接口 f0/0.10 配置了 IP 地址，该地址是 VLAN10 的网关。

当正确完成了其余三个子接口 f0/0.20、f0/0.30 和 f0/0.80 的配置后，路由器 R1 便得到了与 4 个子网直连的路由。

```
01: R1#show ip route
02: ...
03: C    192.168.30.0/24 is directly connected, FastEthernet0/0.30
04: C    192.168.10.0/24 is directly connected, FastEthernet0/0.10
05: C    192.168.80.0/24 is directly connected, FastEthernet0/0.80
06: C    192.168.20.0/24 is directly connected, FastEthernet0/0.20
07: ...
```

至此，企业内的各子网间可以相互访问了。以下是 VLAN10 中的计算机 PC-1 访问 VLAN20 中的计算机 PC-2 的输出结果。

```
01: PC-1> ping 192.168.20.22
02:
03: 192.168.20.22 icmp_seq=1 timeout
04: 84 bytes from 192.168.20.22 icmp_seq=2 ttl=63 time=19.852 ms
05: 84 bytes from 192.168.20.22 icmp_seq=3 ttl=63 time=21.540 ms
06: 84 bytes from 192.168.20.22 icmp_seq=4 ttl=63 time=19.298 ms
07: 84 bytes from 192.168.20.22 icmp_seq=5 ttl=63 time=20.452 ms
```

读者思考：为什么会有第 3 行的输出结果？如果计算机 PC-1 再次访问计算机 PC-2，会有第 3 行的输出结果吗？

3. 接入互联网

下一步要完成的工作是将企业网络接入互联网，这些工作要在路由器 R1 和路由器 R2 上进行配置。

（1）为路由器 R1 和路由器 R2 的接口配置 IP 地址。

为路由器 R1 的接口 s0/0 配置 IP 地址 12.12.12.0/31。注意，网络前缀是 31 位，主机位仅剩 1 位，即主机号只能是 0 和 1，这两个地址可用于点对点的链路。以下给出路由器 R1 的接口 s0/0 的配置过程，路由器 R2 的接口 s0/0 的配置过程与此类似（IP 地址是 12.12.12.1/31）。

```
01: R1#conf t
02: R1(config)#int s0/0
03: R1(config-if)#ip address 12.12.12.0 255.255.255.254
04: R1(config-if)#no shut
05: R1(config-if)#end
06: R1#wr
```

（2）在路由器 R1 和路由器 R2 上分别配置路由。

路由器 R1 是企业的边界路由器，只需要配置一条默认路由即可访问互联网中的主机。

```
01: R1#conf t
02: R1(config)#ip route 0.0.0.0 0.0.0.0 12.12.12.1
03: R1(config)#end
04: R1#wr
```

路由器 R2 是 ISP 路由器，需要配置访问企业网络的路由。注意，在本实验中，企业内部分配的是私有 IP 地址，在实际的工程中，路由器 R2 不能配置指向私有 IP 地址的路由，本实验暂时配置这样的路由，后续实验将采用 NAT 来解决这个问题。

企业内部有 4 个子网，分别是 192.168.10.0/24、192.168.20.0/24、192.168.30.0/24 及 192.168.80.0/24，路由器 R2 可配置 4 条静态路由来分别访问这 4 个子网。但是，如果采用 CIDR（无类别域间路由选择），那么仅需配置一条静态路由即可，另外需要在路由器 R2 上配置一个 loopback 接口来充当互联网中的一台主机。

```
01: R2#conf t
02: R2(config)#int loopback0
```

```
03: R2(config-if)#ip address 2.2.2.2 255.255.255.255
04: R2(config-if)#ip route 192.168.0.0 255.255.0.0 12.12.12.0
05: R2(config)#end
06: R2#wr
```

注意，第 4 行代码配置了一条通往网络前缀 192.168.0.0/16 的路由，该网络前缀中包含了企业内部使用的全部 IP 地址。请读者思考一共包含了多少个 C 类 IP 地址。

至此，交换机、路由器的配置全部完成了。分别查看路由器 R1 和路由器 R2 的路由表的命令如下。

```
01: R1#show ip route
02: ...
03: Gateway of last resort is 12.12.12.1 to network 0.0.0.0
04:
05: C    192.168.30.0/24 is directly connected, FastEthernet0/0.30
06: C    192.168.10.0/24 is directly connected, FastEthernet0/0.10
07: C    192.168.80.0/24 is directly connected, FastEthernet0/0.80
08: C    192.168.20.0/24 is directly connected, FastEthernet0/0.20
09:      12.0.0.0/31 is subnetted, 1 subnets
10: C       12.12.12.0 is directly connected, Serial0/0
11: S*   0.0.0.0/0 [1/0] via 12.12.12.1
12:
13: R2#show ip route
14:
15:      2.0.0.0/24 is subnetted, 1 subnets
16: C       2.2.2.0 is directly connected, Loopback0
17:      12.0.0.0/31 is subnetted, 1 subnets
18: C       12.12.12.0 is directly connected, Serial0/0
19: S    192.168.0.0/16 [1/0] via 12.12.12.0
```

第 3～11 行代码输出的是路由器 R1 的完整的路由表，第 11 行代码是路由器 R1 的默认路由，以符号 "S*" 标识。第 19 行代码是路由器 R2 中的一条静态路由，以符号 "S" 标识。注意，符号 "C" 表示子网与接口是直连的。

最后，验证企业网络与互联网的连通性。

```
01: PC-1> ping 2.2.2.2
02:
03: 84 bytes from 2.2.2.2 icmp_seq=1 ttl=254 time=11.610 ms
04: 84 bytes from 2.2.2.2 icmp_seq=2 ttl=254 time=4.655 ms
05: 84 bytes from 2.2.2.2 icmp_seq=3 ttl=254 time=11.971 ms
06: 84 bytes from 2.2.2.2 icmp_seq=4 ttl=254 time=7.844 ms
07: 84 bytes from 2.2.2.2 icmp_seq=5 ttl=254 time=5.143 ms
```

3.2 IP 与 ICMP 询问报文

1. 基本概念

常用的 ICMP 询问/回答报文有两种：一种是 ICMP 回送请求/回答报文，另一种是 ICMP 时间戳请求/回答报文。

ICMP 回送请求/回答报文用于测试互联网中主机间的连通性，报文中的标识符（Identifier）和序号（Sequence Number）各占 16 位。由于 ICMP 是在操作系统内核中实现的，因此，需要用标识符来区分发送 ICMP 回送请求的应用进程（如 ping 程序）。

主机可能执行多个 ping 程序，在 UNIX、macOS 操作系统中，直接把标识符设置为 ping 程序的进程号。每一个 ping 程序可能会发送多个 ICMP 回送请求报文，序号就是用来区分这些请求报文的（序号每次加 1）。标识符和序号由发送方在发送 ICMP 回送请求报文时填入，在 ICMP 回送回答报文中，用相同的标识符和序号来响应回送请求报文，即标识符和序号用来标识一对 ICMP 回送请求/回答报文。

2. 实验过程

（1）在本机上启动 Wireshark 抓包。

（2）查看本机网关的 IP 地址（Windows 操作系统中使用 ipconfig 命令，Linux 操作系统中使用 ifconfig 命令）。

(3）从本机上 ping 网关（以下实验中，网关的 IP 地址为 192.168.1.1）。

3. 结果分析

发送 ICMP 报文命令（执行 ping 命令，以下命令等效于 Windows 操作系统中的命令 ping 192.168.1.1 -n 2）。

```
01: macMINI@192~:$ ping 192.168.1.1 -c 2    # 向网关发送 2 个 ICMP 请求报文
02: PING 192.168.1.1 (192.168.1.1): 56 data bytes
03: 64 bytes from 192.168.1.1: icmp_seq=0 ttl=64 time=0.652 ms
04: 64 bytes from 192.168.1.1: icmp_seq=1 ttl=64 time=0.563 ms
05:
06: --- 192.168.1.1 ping statistics ---
07: 2 packets transmitted, 2 packets received, 0.0% packet loss
08: round-trip min/avg/max/stddev = 0.563/0.607/0.652/0.045 ms
```

抓包结果如图 3-2 所示，一共发送了两个 ICMP 请求且收到两个响应，其中序号为 30 和 31 的包是一对请求和响应，序号为 32 和 33 的包是另一对请求和响应。

No.	Source	Destination	Protocol	Info
30	192.168.1.8	192.168.1.1	ICMP	Echo (ping) request id=0x3f09, seq=0/0, ttl=64 (reply in 31)
31	192.168.1.1	192.168.1.8	ICMP	Echo (ping) reply id=0x3f09, seq=0/0, ttl=64 (request in 30)
32	192.168.1.8	192.168.1.1	ICMP	Echo (ping) request id=0x3f09, seq=1/256, ttl=64 (reply in 33)
33	192.168.1.1	192.168.1.8	ICMP	Echo (ping) reply id=0x3f09, seq=1/256, ttl=64 (request in 32)

图 3-2 ICMP 请求与响应

（1）ICMP 请求报文（图 3-2 中序号为 30 和 32 的包）。

展开序号为 30 的包，其结果如下。

```
01: Internet Protocol Version 4, Src: 192.168.1.8, Dst: 192.168.1.1
                                                    # IP 分组
02:     0100 .... = Version: 4                      # 版本 IPv4
03:     .... 0101 = Header Length: 20 bytes (5)
                                                    # 首部长度，只有固定的 20 字节
04:     Differentiated Services Field: 0x00 (DSCP: CS0, ECN: Not-ECT)
05:     Total Length: 84                            # IP 分组总长度
06:     Identification: 0x9d13 (40211)              # 标识
```

```
07:      000. .... = Flags: 0x0                    # 标志位
08:      ...0 0000 0000 0000 = Fragment Offset: 0
09:      Time to Live: 64                          # 生存期 TTL=64
10:      Protocol: ICMP (1)                        # 协议
11:      Header Checksum: 0x0000 [validation disabled]   # 首部检验和
12:      [Header checksum status: Unverified]
13:      Source Address: 192.168.1.8               # 源 IP 地址
14:      Destination Address: 192.168.1.1          # 目的 IP 地址
15: Internet Control Message Protocol              # ICMP 报文
16:      Type: 8 (Echo (ping) request)             # 类型为 8
17:      Code: 0                                   # 代码为 0，ICMP 回显请求
18:      Checksum: 0x2995 [correct]                # 检验和
19:      [Checksum Status: Good]
20:      Identifier (BE): 16137 (0x3f09)
                             # 用于标识 ping 进程，BE: Linux 大端字节顺序
21:      Identifier (LE): 2367 (0x093f)
                             # 用于标识 ping 进程，LE: Windows 小端字节顺序
22:      Sequence Number (BE): 0 (0x0000)          # 用于标识 ping 进程
23:      Sequence Number (LE): 0 (0x0000)          # 用于标识 ping 进程
24:      [Response frame: 31]                      # 响应报文的序号为 31
25:      Timestamp from icmp data: Jul 16, 2024 16:26:40.593663000 CST
                                                   # 时间戳选项
26:      Data (48 bytes)                           # ICMP 报文携带的数据
```

观察上述结果可以看出，ICMP 报文是直接封装到 IP 分组中进行传输的，其目的 IP 地址是网关，操作系统将 IP 分组的生存期 TTL 设置为 64。

（2）ICMP 响应报文（图 3-2 中序号为 31 的包）。由于网关与主机在同一个直接相连的网络中，未经路由器进行转发，故在网关发送的 ICMP 响应中，封装它的 IP 分组的生存期 TTL 的值为 64。

```
01: Internet Protocol Version 4, Src: 192.168.1.1, Dst: 192.168.1.8
02:      0100 .... = Version: 4
03:      .... 0101 = Header Length: 20 bytes (5)
04:      Differentiated Services Field: 0x00 (DSCP: CS0, ECN: Not-ECT)
05:      Total Length: 84
06:      Identification: 0xfc0a (64522)
07:      000. .... = Flags: 0x0
```

```
08:        ...0 0000 0000 0000 = Fragment Offset: 0
09:        Time to Live: 64                          # 生存期 TTL=64
10:        Protocol: ICMP (1)
11:        Header Checksum: 0xfb44 [validation disabled]
12:        [Header checksum status: Unverified]
13:        Source Address: 192.168.1.1
14:        Destination Address: 192.168.1.8          # 注意目的 IP 地址发生变化
15: Internet Control Message Protocol
16:        Type: 0 (Echo (ping) reply)               # 类型为 0
17:        Code: 0                                   # 代码为 0，ICMP 响应
18:        Checksum: 0x3195 [correct]
19:        [Checksum Status: Good]
20:        Identifier (BE): 16137 (0x3f09)
21:        Identifier (LE): 2367 (0x093f)
22:        Sequence Number (BE): 0 (0x0000)
23:        Sequence Number (LE): 0 (0x0000)
24:        [Request frame: 30]
25:        [Response time: 0.550 ms]
26:        Timestamp from icmp data: Jul 16, 2024 16:26:40.593663000 CST
27:        [Timestamp from icmp data (relative): 0.000601000 seconds]
28:        Data (48 bytes)                           # 返回 ICMP 请求报文中携带的原始数据
```

4. 标识符

ICMP 报文中的标识符是用来标识某个 ping 进程的，以下实验中，同时运行两个 ping 进程，观察标识符的值。

（1）在本机上启动 Wireshark 抓包。

（2）同时运行两个 ping 程序（Windows 操作系统运行同样的命令）。

图 3-3 所示为在两个终端中分别运行 ping 程序。

```
Last login: Wed Jul 17 14:47:18 on console           Last login: Wed Jul 17 15:11:30 on ttys000
(base) zyuanli@192-:$ ping 192.168.1.1               (base) zyuanli@192-:$ ping 192.168.1.1
PING 192.168.1.1 (192.168.1.1): 56 data bytes        PING 192.168.1.1 (192.168.1.1): 56 data bytes
64 bytes from 192.168.1.1: icmp_seq=0 ttl=64 time=0.610 ms    64 bytes from 192.168.1.1: icmp_seq=0 ttl=64 time=0.601 ms
64 bytes from 192.168.1.1: icmp_seq=1 ttl=64 time=0.597 ms    64 bytes from 192.168.1.1: icmp_seq=1 ttl=64 time=0.806 ms
64 bytes from 192.168.1.1: icmp_seq=2 ttl=64 time=0.598 ms    64 bytes from 192.168.1.1: icmp_seq=2 ttl=64 time=0.812 ms
64 bytes from 192.168.1.1: icmp_seq=3 ttl=64 time=0.621 ms    64 bytes from 192.168.1.1: icmp_seq=3 ttl=64 time=0.768 ms
64 bytes from 192.168.1.1: icmp_seq=4 ttl=64 time=0.803 ms    64 bytes from 192.168.1.1: icmp_seq=4 ttl=64 time=0.762 ms
```

图 3-3　在两个终端中分别运行 ping 程序

（3）分析抓包结果。

同时运行两个 ping 程序的抓包结果如图 3-4 所示，注意观察每个包的 id（标识符字段），序号为 1、2 的包，其 id 为十六进制的 0x6604，序号为 3、4 的包，其 id 为十六进制的 0x6704。ICMP 报文中不同的 id 表示不同的 ping 进程。注意不同环境的实验结果各有不同，本实验结果分别为 0x6604 和 0x6704。

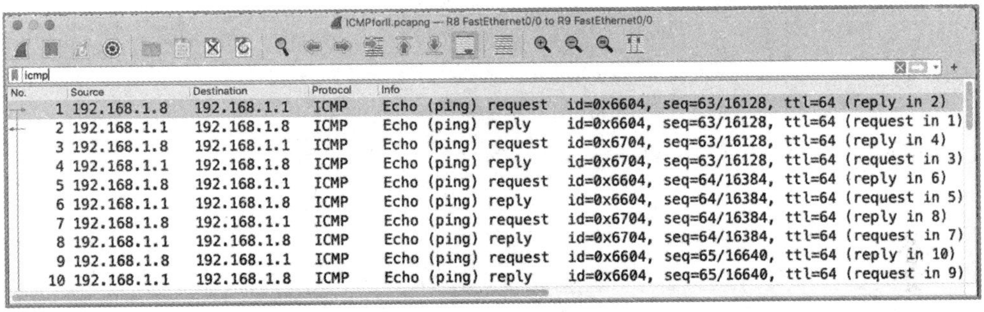

图 3-4　同时运行两个 ping 程序的抓包结果

3.3　DHCP 与 NAT

图 3-1 所示的企业网络中，如果每个 VLAN 中主机的 IP 地址都由管理员手动配置和管理，对于较大的子网来说，工作量大且容易出错。如果在每个 VLAN 中配置一台 DHCP（动态主机配置协议）服务器，就能够使得 VLAN 中的主机自动获取正确的 IP 地址等信息。通过在路由器 R1 中配置 DHCP 服务，可以解决 VLAN 中主机自动获取 IP 地址的问题。

1. DHCP 服务的配置与管理

```
01: R1#conf t
02: R1(config)#ip dhcp pool vlan10
03: R1(dhcp-config)#network 192.168.10.0 255.255.255.0
04: R1(dhcp-config)#dns-server 192.168.80.20
05: R1(dhcp-config)#default-route 192.168.10.1
06: R1(dhcp-config)#exit
07:
```

```
08: R1(config)#ip dhcp pool vlan20
09: R1(dhcp-config)#network 192.168.20.0 255.255.255.0
10: R1(dhcp-config)#dns-server 192.168.80.20
11: R1(dhcp-config)#default-route 192.168.20.1
12: R1(dhcp-config)#exit
13:
14: R1(config)#ip dhcp pool vlan30
15: R1(dhcp-config)#network 192.168.30.0 255.255.255.0
16: R1(dhcp-config)#dns-server 192.168.80.20
17: R1(dhcp-config)#default-route 192.168.30.1
18: R1(dhcp-config)#exit
19:
20: R1(config)#ip dhcp excluded-address 192.168.10.1
21: R1(config)#ip dhcp excluded-address 192.168.20.1
22: R1(config)#ip dhcp excluded-address 192.168.30.1
23: R1(config)#service dhcp
24: R1(config)#end
25: R1#wr
```

第 2~6 行代码，给 VLAN10 指定了 IP 地址池、DNS 服务器和默认网关。在本实验中，将 IP 地址为 192.168.80.20/24 的主机作为企业网络中的 DNS 服务器。

第 20~22 行代码，指定了不能被 VLAN 中主机使用的 IP 地址（这些地址都是各子网的网关）。注意，这里并没有给 VLAN80 配置 IP 地址池，这是因为 VLAN80 是企业网络中心的服务器场，服务器的 IP 地址一般由管理员手动配置且固定不变。

下列命令及输出结果用来检查 DHCP 配置的正确性。

```
01: R1#show run | section dhcp
02: no ip dhcp use vrf connected
03: ip dhcp excluded-address 192.168.10.1
04: ip dhcp excluded-address 192.168.20.1
05: ip dhcp excluded-address 192.168.30.1
06: ip dhcp pool vlan10
07:    network 192.168.10.0 255.255.255.0
```

```
08:       dns-server 192.168.80.20
09:       default-router 192.168.10.1
10: ip dhcp pool vlan20
11:       network 192.168.20.0 255.255.255.0
12:       dns-server 192.168.80.20
13:       default-router 192.168.20.1
14: ip dhcp pool vlan30
15:       network 192.168.30.0 255.255.255.0
16:       dns-server 192.168.80.20
17:       default-router 192.168.30.1
```

验证 DHCP 是否能够正常工作。

（1）在计算机 PC-1 与交换机 ESW1 上启动 Wireshark 抓包，分析 DHCP 的工作过程。

（2）删除计算机 PC-1 原有的 IP 地址并执行 dhcp 命令自动获取 IP 地址。

```
01: PC-1> clear ip
02: IPv4 address/mask, gateway, DNS, and DHCP cleared
03:
04: PC-1> dhcp
05: DORA IP 192.168.10.2/24 GW 192.168.10.1
06:
07: PC-1> show ip
08:
09: NAME         : PC-1[1]
10: IP/MASK      : 192.168.10.2/24
11: GATEWAY      : 192.168.10.1
12: DNS          : 192.168.80.20
13: DHCP SERVER  : 192.168.10.1
14: DHCP LEASE   : 86283, 86400/43200/75600
15: MAC          : 00:50:79:66:68:00
16:
17: PC-1> ping 2.2.2.2
18:
19: 84 bytes from 2.2.2.2 icmp_seq=1 ttl=254 time=11.582 ms
20: 84 bytes from 2.2.2.2 icmp_seq=2 ttl=254 time=9.638 ms
```

```
21: 84 bytes from 2.2.2.2 icmp_seq=3 ttl=254 time=6.146 ms
22: 84 bytes from 2.2.2.2 icmp_seq=4 ttl=254 time=9.823 ms
23: 84 bytes from 2.2.2.2 icmp_seq=5 ttl=254 time=2.845 ms
```

从上述结果可以看出，计算机 PC-1 正确获取了子网中的一个 IP 地址、DNS 服务器和默认网关。注意，第 5 行代码中的"DORA"表示计算机 PC-1 执行 dhcp 命令获取 IP 地址的四个过程。

D：DHCP Discover，DHCP 客户端发送的 DHCP 服务器发现消息。

O：DHCP Offer，DHCP 服务器发送的 DHCP 响应消息。

R：DHCP Request，DHCP 客户端发送的请求使用 IP 地址的消息。

A：DHCP ACK，DHCP 服务器发送的确认可以使用 IP 地址的消息。

DHCP 工作过程的抓包结果如图 3-5 所示，读者可以在 Wireshark 软件中仔细分析抓包结果。

```
dhcp
No.   Source          Destination       Length  Protocol  Info
  6   0.0.0.0         255.255.255.255   406     DHCP      DHCP Discover - Transaction ID 0xb2e5514d
  7   192.168.10.1    192.168.10.2      342     DHCP      DHCP Offer    - Transaction ID 0xb2e5514d
  8   0.0.0.0         255.255.255.255   406     DHCP      DHCP Request  - Transaction ID 0xb2e5514d
  9   192.168.10.1    192.168.10.2      342     DHCP      DHCP ACK      - Transaction ID 0xb2e5514d
```

图 3-5　DHCP 工作过程的抓包结果

2. NAT 的配置与管理

前面已经多次强调，私有 IP 地址不允许被路由，以下工作就是通过 NAT 来解决企业内部私有 IP 地址访问互联网的问题。NAT 的原理不是很复杂，仅需在企业的边界路由器 R1 上将私有 IP 地址转换成公有 IP 地址即可。

假设企业分配了一个网络前缀 202.193.96.0/24，WWW（万维网）服务器设置了被外部访问的 IP 地址 202.193.96.10/24，DNS 服务器设置了被外部访问的 IP 地址 202.193.96.20/24，则需要在路由器 R1 上为这两个服务器配置静态 NAT。假设其他主机均采用 PAT（端口地址转换）进行地址转换，那么需要在路由器 R1 上进行如下配置。

```
01: R1#conf t
02: R1(config)#access-list 1 permit 192.168.0.0 0.0.255.255
```

```
03: R1(config)#ip nat inside source list 1 int s0/0 overload
04: R1(config)#ip nat inside source static 192.168.80.10 202.193.96.10
05: R1(config)#ip nat inside source static 192.168.80.20 202.193.96.20
06: R1(config)#int f0/0.10
07: R1(config-subif)#ip nat inside
08: R1(config-subif)#int f0/0.20
09: R1(config-subif)#ip nat inside
10: R1(config-subif)#int f0/0.30
11: R1(config-subif)#ip nat inside
12: R1(config-subif)#int s0/0
13: R1(config-if)#ip nat outside
14: R1(config-if)#end
15: R1#wr
```

第 2 行代码，指定需要转换的内部私有 IP 地址空间，注意，这里使用了 CIDR 进行地址汇聚。

第 3 行代码，指定内部私有 IP 地址全部转换为路由器 R1 的接口 s0/0 的公有 IP 地址来访问互联网（端口多路复用）。

第 4 行代码，WWW 服务器的私有 IP 地址转换为公有 IP 地址 202.193.96.10。

第 5 行代码，DNS 服务器的私有 IP 地址转换为公有 IP 地址 202.193.96.20。

在路由器 R2 中，需要将原来配置的指向企业内部私有 IP 地址的路由删除，增加一条去往网络前缀 202.193.96.0/24（ISP 分配给本企业的网络前缀）的静态路由。

```
01: R2#conf t
02: R2(config)#no ip route 192.168.0.0 255.255.0.0 12.12.12.0
03: R2(config)#ip route 202.193.96.0 255.255.255.0 12.12.12.0
04: R2(config)#end
05: R2#wr
```

第 2 行代码，删除原有的一条静态路由。

第 3 行代码，增加一条新路由。

最后，进行连通性测试。

（1）在路由器 R1 上开启 NAT 调试，以便观察地址转换情况。

```
01: R1#debug ip nat
02: IP NAT debugging is on
```

（2）验证静态 NAT。从互联网访问企业的 WWW 服务器和 DNS 服务器（由路由器 R2 访问）。

```
01: R2#ping 202.193.96.10
02:
03: Type escape sequence to abort.
04: Sending 5, 100-byte ICMP Echos to 202.193.96.10, timeout is 2 seconds:
05: .!!!!
06: Success rate is 80 percent (4/5), round-trip min/avg/max = 56/60/64 ms
07: R2#ping 202.193.96.20
08:
09: Type escape sequence to abort.
10: Sending 5, 100-byte ICMP Echos to 202.193.96.20, timeout is 2 seconds:
11: .!!!!
12: Success rate is 80 percent (4/5), round-trip min/avg/max = 32/46/60 ms
```

第 1 行代码，访问企业的 WWW 服务器，从第 5 行代码的显示结果中可以看出，外部设备可以通过公有 IP 地址 202.193.96.10 访问 WWW 服务器。

第 7 行代码，访问企业的 DNS 服务器，从第 11 行代码的显示结果中可以看出，外部设备可以通过公有 IP 地址 202.193.96.20 访问 DNS 服务器。

（3）验证企业内主机访问互联网。

```
01: PC-1> ping 2.2.2.2
02:
03: 84 bytes from 2.2.2.2 icmp_seq=1 ttl=254 time=10.655 ms
04: 84 bytes from 2.2.2.2 icmp_seq=2 ttl=254 time=2.513 ms
05: 84 bytes from 2.2.2.2 icmp_seq=3 ttl=254 time=2.505 ms
06: 84 bytes from 2.2.2.2 icmp_seq=4 ttl=254 time=6.055 ms
```

```
07: 84 bytes from 2.2.2.2 icmp_seq=5 ttl=254 time=3.813 ms
```

在上述验证的过程中，路由器 R1 输出了传输过程中的地址转换信息。以下是计算机 PC-1 访问 2.2.2.2 时的地址转换信息。

```
01: *Mar  1 00:22:30.975: NAT*: s=192.168.10.2->12.12.12.0, d=2.2.2.2 [7895]
02: *Mar  1 00:22:31.007: NAT*: s=2.2.2.2, d=12.12.12.0->192.168.10.2 [7895]
03: *Mar  1 00:22:31.927: NAT*: s=192.168.10.2->12.12.12.0, d=2.2.2.2 [7896]
04: *Mar  1 00:22:31.959: NAT*: s=2.2.2.2, d=12.12.12.0->192.168.10.2 [7896]
05: R1#
06: *Mar  1 00:22:33.163: NAT*: s=192.168.10.2->12.12.12.0, d=2.2.2.2 [7897]
07: *Mar  1 00:22:33.191: NAT*: s=2.2.2.2, d=12.12.12.0->192.168.10.2 [7897]
08: *Mar  1 00:22:34.115: NAT*: s=192.168.10.2->12.12.12.0, d=2.2.2.2 [7898]
09: *Mar  1 00:22:34.143: NAT*: s=2.2.2.2, d=12.12.12.0->192.168.10.2 [7898]
```

在上述输出结果中，输出方向上，路由器 R1 将源地址 192.168.10.2（私有 IP 地址）转换成了接口 s0/0 的 IP 地址 12.12.12.0（公有 IP 地址）；输入方向上，路由器 R1 将目的地址 12.12.12.0 又转换成了私有 IP 地址 192.168.10.2。在实验过程中，读者可以在计算机 PC-1 与交换机 ESW1 之间的链路上，以及路由器 R1 与路由器 R2 之间的链路上分别启动抓包，对比两个抓包结果中 IP 分组的源地址和目的地址。在路由器 R1 上，也可以使用以下命令来查看地址转换信息。

```
01: R1#show ip nat translations icmp
02: Pro Inside global      Inside local       Outside local      Outside global
03: icmp 12.12.12.0:6947   192.168.10.2:6947  2.2.2.2:6947       2.2.2.2:6947
04: icmp 12.12.12.0:7203   192.168.10.2:7203  2.2.2.2:7203       2.2.2.2:7203
05: icmp 12.12.12.0:7459   192.168.10.2:7459  2.2.2.2:7459       2.2.2.2:7459
06: icmp 12.12.12.0:7715   192.168.10.2:7715  2.2.2.2:7715       2.2.2.2:7715
```

```
07: icmp 12.12.12.0:7971   192.168.10.2:7971   2.2.2.2:7971   2.2.2.2:7971
```

如果从计算机 PC-2 访问 2.2.2.2，路由器 R1 也会将计算机 PC-2 的私有 IP 地址替换成接口 s0/0 的公有 IP 地址。可以看出，通过 PAT 进行地址转换能够让所有主机共享一个公有 IP 地址以访问互联网，最大限度地节约了 IP 地址空间。

3.4 单区域 OSPF 的配置

1. 基本要求

在图 3-6 所示的网络拓扑中，完成 OSPF（开放最短通路优先协议）的配置与管理，分析 OSPF 的工作状态。

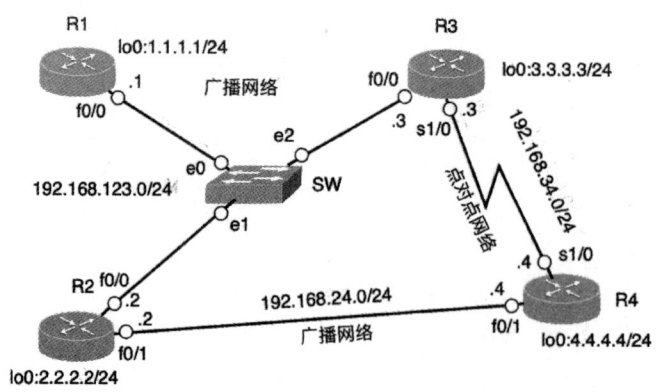

图 3-6 配置 OSPF 的网络拓扑

在图 3-6 中，路由器 R1 的接口 f0/0、路由器 R2 的接口 f0/0 和路由器 R3 的接口 f0/0 同处于一个广播网络（以太网）；同样，路由器 R2 的接口 f0/1 与路由器 R4 的接口 f0/1 同处一个广播网络（以太网）；路由器 R3 的接口 s1/0 和路由器 R4 的接口 s1/0 通过点对点的链路相连（点对点网络）。

本实验中，首先按网络拓扑中给出的 IP 地址正确配置路由器各接口的 IP 地址。然后，在每个路由器上配置 OSPF 路由选择协议。最后，通过抓包来分析广播网络中的 DR（指定路由器）与 BDR（备份指定路由器）的选举，以及 5 种类型的 OSPF 分组。

2. 路由器的配置

（1）路由器接口 IP 地址的配置和 OSPF 路由选择协议的配置。

本实验仅配置单区域的 OSPF，且仅配置主干区域的 OSPF。以路由器 R1 为例，其配置过程如下（其他路由器的配置过程与此类似，读者可参考网络拓扑自行完成）。

```
01: R1#conf t
02: R1(config)#int f0/0
03: R1(config-if)#ip address 192.168.123.1 255.255.255.0
04: R1(config-if)#no shut
05: R1(config-if)#int loopback0
06: R1(config-if)#ip address 1.1.1.1 255.255.255.0
07: R1(config-if)#router ospf 1
08: R1(config-router)#network 1.1.1.0 0.0.0.255 area 0
09: R1(config-router)#network 192.168.123.0 0.0.0.255 area 0
10: R1(config-router)#end
11: R1#wr
```

第 7～9 行代码在区域 0 中配置 OSPF 路由选择协议。其中，第 7 行代码运行 OSPF 进程，数字 1 可认为是进程号，进程号的取值范围为 1～65 535，进程号仅具有本地意义。

第 8～9 行代码向邻居路由器通告本地网络，"0.0.0.255"被称为通配符掩码（Wildcard-Mask）。用"255.255.255.255"与通配符掩码进行异或运算，便可得到对应的子网掩码。因此，采用 network 命令宣告本地网络时，可以直接使用通配符掩码。"area0"指定 OSPF 在区域 0 中运行，注意数字 0 在区域内是统一的。由于本实验是单区域 OSPF 的配置实验，故图 3-6 中的其他路由器在配置 OSPF 路由选择协议时，也必须指定"area0"作为 OSPF 的运行区域。

（2）验证配置的正确性。

```
01: R1#show run | section ospf
02:  router ospf 1
03:  log-adjacency-changes
04:  network 1.1.1.0 0.0.0.255 area 0
```

```
05:  network 192.168.123.0 0.0.0.255 area 0
```

（3）验证网络的连通性。

① 查看路由器的 OSPF 路由表。

```
01: R1#show ip route ospf
02:      2.0.0.0/32 is subnetted, 1 subnets
03: O       2.2.2.2 [110/2] via 192.168.123.2, 00:00:11, FastEthernet0/0
04:      3.0.0.0/32 is subnetted, 1 subnets
05: O       3.3.3.3 [110/2] via 192.168.123.3, 00:00:11, FastEthernet0/0
06:      4.0.0.0/32 is subnetted, 1 subnets
07: O       4.4.4.4 [110/3] via 192.168.123.2, 00:00:11, FastEthernet0/0
08: O    192.168.24.0/24 [110/2] via 192.168.123.2, 00:00:11,
FastEthernet0/0
09: O    192.168.34.0/24 [110/65] via 192.168.123.3, 00:00:11,
FastEthernet0/0
```

字母"O"表示由 OSPF 路由选择协议计算得到的路由。

每条路由中的网络前缀后面都用"[110/Cost]"来表示路由的可信度和开销。路由的可信度是由"管理距离"决定的，管理距离越小，可信度越高。不同厂商的设备对不同的路由选择协议定义的管理距离是不同的，Cisco 公司定义的 OSPF 路由选择协议的管理距离是 110。Cost 是路由的开销（某条路径上的路由器出接口的开销之和），其值越小越好。

默认情况下，Cisco 设备接口的开销定义为 cost=参考带宽/接口带宽，其中参考带宽为 100Mbit/s，若计算结果小于 1 则取 1。loopback 接口的开销定义为 1，对于速率是 100Mbit/s 的接口，其开销是 1。

图 3-6 中所有路由器的接口 f0/0 和 f0/1 的带宽均是 100Mbit/s，而路由器 R3 的接口 s1/0 和路由器 R4 的接口 s1/0 的带宽是 1.544Mbit/s，根据这些信息就能够很好地理解上述的路由器 R1 的路由表中的 Cost 的值了。

"Via"之后的 IP 地址指的是下一跳路由器的 IP 地址，"FastEthernet0/0"则是输出接口，即 IP 分组从本路由器的哪一个接口交付给下一跳路由器。

② 验证网络的连通性及路由信息。

通过 ping 命令及 traceroute 命令来验证网络的连通性及路由信息。

```
01: R1#ping 4.4.4.4
02:
03: Type escape sequence to abort.
04: Sending 5, 100-byte ICMP Echos to 4.4.4.4, timeout is 2 seconds:
05: !!!!!
06: Success rate is 100 percent (5/5), round-trip min/avg/max = 16/26/44 ms
07: R1#traceroute 4.4.4.4
08:
09: Type escape sequence to abort.
10: Tracing the route to 4.4.4.4
11:
12:   1 192.168.123.2 4 msec 20 msec 16 msec
13:   2 192.168.24.4 40 msec 36 msec 24 msec
14:
15: R1#ping 192.168.34.4
16:
17: Type escape sequence to abort.
18: Sending 5, 100-byte ICMP Echos to 192.168.34.4, timeout is 2 seconds:
19: !!!!!
20: Success rate is 100 percent (5/5), round-trip min/avg/max = 12/21/28 ms
21: R1#traceroute 192.168.34.4
22:
23: Type escape sequence to abort.
24: Tracing the route to 192.168.34.4
25:
26:   1 192.168.123.3 16 msec 12 msec 12 msec
27:   2 192.168.34.4 16 msec 40 msec 20 msec
28: R1#
```

第 7~13 行代码是追踪从路由器 R1 到 4.4.4.4 所经过的路由器，可以看出，从路由器 R1 访问 4.4.4.4，第一跳是路由器 R2，第二跳是路由器 R4。

第 21~27 行代码是追踪从路由器 R1 到 192.168.34.4 所经过的路由器，可以看出，从路由器 R1 访问 192.168.34.4，第一跳是路由器 R3，第二跳是路由器 R4。

（4）OSPF 的工作状态。

① 在图 3-6 中，路由器 R3 的接口 f0/0、路由器 R2 的接口 f0/0 和路由器 R1 的接口 f0/0 上全部执行 shutdown 命令，在路由器 R3 上执行 debug 命令来查看 OSPF 路由选择协议的输出信息，其他路由器的操作与此类似。

```
01: R3#conf t
02: R3(config)#int f0/0
03: R3(config-if)#shutdown
04: R3(config-if)#do debug ip ospf events
05: OSPF events debugging is on
06: R3(config-if)#
```

② 在路由器 R3 与交换机 SW 之间的链路上启动抓包。

③ 在路由器 R1、路由器 R2 和路由器 R3 的接口 f0/0 上全部执行 no shutdown 命令，其他路由器的操作与此类似。

```
R4(config-if)#no shutdown
```

通过分析路由器 R1 输出的 OSPF 消息，以及 Wireshark 抓包结果，读者可更好地理解 OSPF 的工作状态：分析 5 种类型的 OSPF 分组及 DR 与 BDR 的选举。

（5）5 种类型的 OSPF 分组抓包结果。

① Hello 分组。

OSPF 的 Hello 分组如图 3-7 所示。

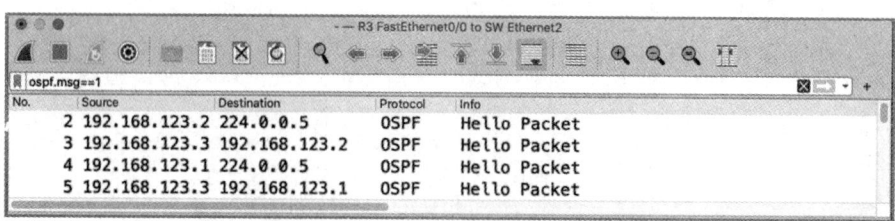

图 3-7　OSPF 的 Hello 分组

② DB Description 分组。

OSPF 的 DB Description 分组如图 3-8 所示。

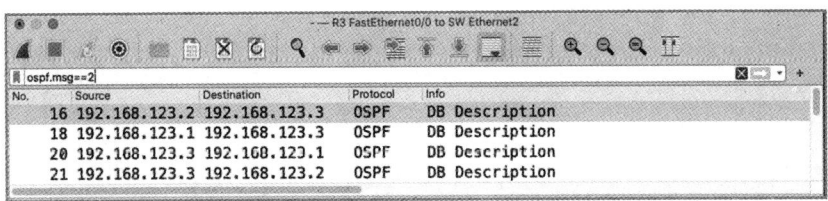

图 3-8　OSPF 的 DB Description 分组

③ LS Request 分组。

OSPF 的 LS Request 分组如图 3-9 所示。

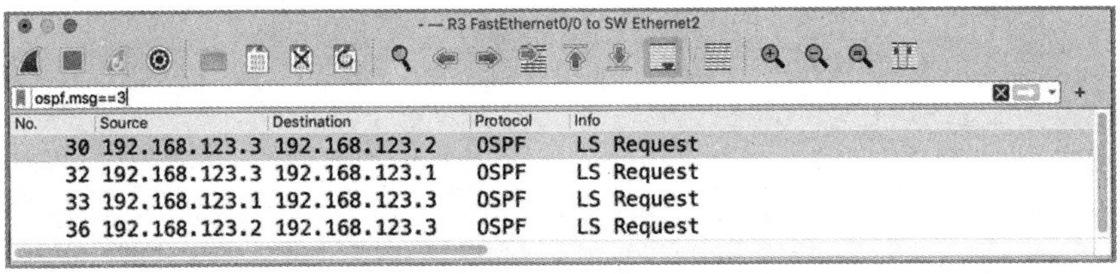

图 3-9　OSPF 的 LS Request 分组

④ LS Update 分组。

OSPF 的 LS Update 分组如图 3-10 所示。

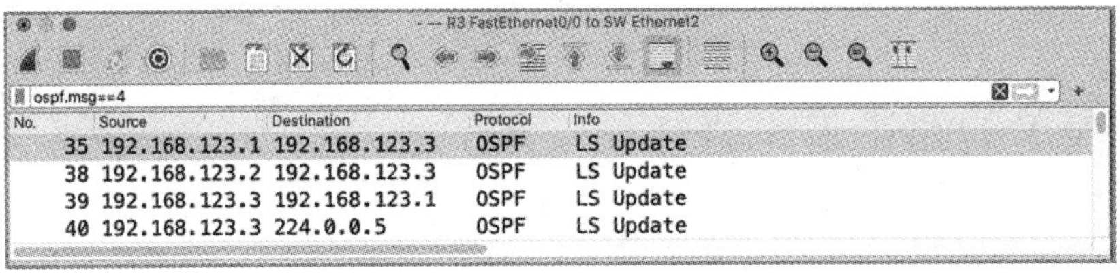

图 3-10　OSPF 的 LS Update 分组

⑤ LS Acknowledge 分组。

OSPF 的 LS Acknowledge 分组如图 3-11 所示。

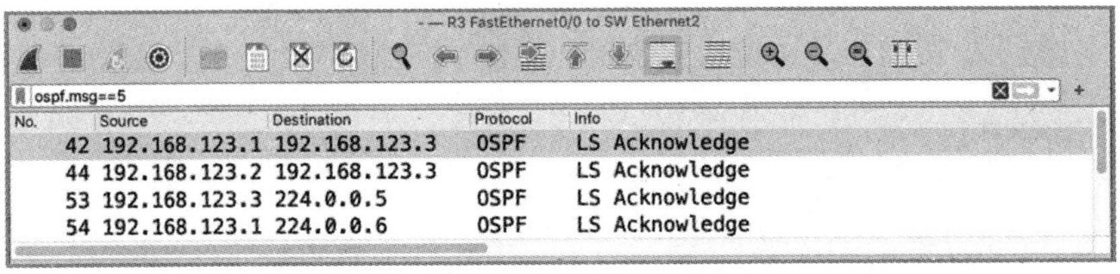

图 3-11　OSPF 的 LS Acknowledge 分组

（6）DR 和 BDR 的最终选举结果如下。

```
01: Ethernet II, Src: cc:02:02:25:00:00 (cc:02:02:25:00:00), Dst: IPv4mcast_05 (01:00:5e:00:00:05)
02: Internet Protocol Version 4, Src: 192.168.123.2, Dst: 224.0.0.5
03: Open Shortest Path First
04:     OSPF Header
05:     OSPF Hello Packet
06:         Network Mask: 255.255.255.0
07:         Hello Interval [sec]: 10
08:         Options: 0x12, (L) LLS Data block, (E) External Routing
09:         Router Priority: 1
10:         Router Dead Interval [sec]: 40
11:         Designated Router: 192.168.123.3        # 路由器 R3 被选择为 DR
12:         Backup Designated Router: 192.168.123.2
                                                    # 路由器 R2 被选择为 BDR
13:         Active Neighbor: 1.1.1.1
14:         Active Neighbor: 3.3.3.3
15:     OSPF LLS Data Block
```

3.5 简单的路由追踪程序的实现

所谓路由追踪，就是获取 IPv4 分组从源主机到目的主机经过的路由器的信息，即从源主机发出的 IPv4 分组经过哪些路由器的转发到达了目的主机。Windows 操作系统提供的 tracert 命令可以实现路由追踪，而在 Linux、macOS 操作系统中，使用 traceroute 命令来实现路由追踪功能。路由追踪的实现方法有很多，本实验通过 ICMP 回送请求报文和 ICMP 回送回答报文来实现。参考程序如下（3-1_tracert.py）。

```
01: # 3-1_tracert.py
02: # ICMP 实现路由追踪
03: # IP 分组初始生存期 ttl=1，依次增加 IP 分组中生存期 ttl 的值
04:
```

```
05: from scapy.all import *
06: from random import randint
07:
08: def tracert(host, ttl):
09:     '''
10:     利用 ICMP 回送请求报文，实现路由追踪
11:     host 追踪的目的主机，ttl 为最大追踪跳数
12:     '''
13:     ttl = int(ttl)
14:     # 循环发送 ICMP 回送请求报文
15:     # IP 分组中生存期 ttl 的初始值是 1，依次递增，直到追踪到目的主机或达到
       # 最大追踪跳数
16:     for i in range(1, ttl+1):
17:
18:         id_ip = randint(1, 65535)
19:         id_icmp = randint(1, 65535)
20:         seq_icmp = randint(1, 65535)
21:         # 将 ICMP 回送请求报文封装到 IP 分组中，ttl 值从 1 递增至最大跳数
22:         pkt = IP(
23:             dst=host, ttl=i, id=id_ip) / ICMP(
24:             id=id_icmp, seq=seq_icmp) / b'tracert'
25:
26:         try:
27:
28:             # 发送 IP 分组，返回的结果保存在 ans 中
29:             ans = sr1(pkt, timeout=0.5, verbose=False)
30:             # 分析 ans 中的结果
31:             if (ans[ICMP].type == 11 and ans[ICMP].code == 0):
32:                 # 若收到的 ICMP 差错报告报文中的 type=11 且 code=0，则传输超时
33:                 # 输出发送 ICMP 报文的 IP 地址
34:                 print(
35:                     "第 {} 跳路由器 {}：超时，传输过程中 TTL 值为 0".format(
36:                         i, ans[IP].src))
37:             elif (ans[ICMP].type ==0 and ans[ICMP].type == 0):
38:                 # 目的主机返回 ICMP 回送回答报文，说明已经追踪到目的主机
```

```
39:                    # 输出结果，退出程序
40:                    print("已追踪到目的主机: {}。".format(ans[IP].src))
41:                    exit()
42:
43:          except Exception as e:
44:                    # 出于安全考虑，途经的一些路由器不会返回任何消息
45:                    print('第 {} 跳路由器: 没有反应 * * *'.format(i))
46:                    # 处理 ttl 太小追踪不到的情况
47:             if(i == ttl):
48:                    print('{} 跳数内无法到达目的主机 {}'.format(ttl, host))
49:
50: if __name__ == '__main__':
51:       '''
52:       命令格式 python tracert tar_ip ttl
53:       tar_ip 目的 IP 地址
54:       ttl 初始化追踪的跳数
55:       '''
56:       tracert(sys.argv[1], sys.argv[2])
```

参考程序中已给出了必要的注释，以下是程序的运行结果。

```
01: (base) Mac-mini:code $ python 3-1_tracert.py 23.185.0.3 20
02: 第 1 跳路由器 192.168.1.1 : 超时，传输过程中 ttl 的值为 0
03: 第 2 跳路由器 100.72.0.1 : 超时，传输过程中 ttl 的值为 0
04: 第 3 跳路由器 180.140.111.209 : 超时，传输过程中 TTL 的值为 0
05: 第 4 跳路由器: 没有反应 * * *
06: 第 5 跳路由器: 没有反应 * * *
07: 第 6 跳路由器: 没有反应 * * *
08: 第 7 跳路由器 202.97.94.102 : 超时，传输过程中 ttl 的值为 0
09: 第 8 跳路由器 202.97.94.14 : 超时，传输过程中 ttl 的值为 0
10: 第 9 跳路由器 129.250.3.29 : 超时，传输过程中 ttl 的值为 0
11: 第 10 跳路由器: 没有反应 * * *
12: 第 11 跳路由器 61.200.91.46 : 超时，传输过程中 ttl 的值为 0
13: 已追踪到目的主机: 23.185.0.3。
```

读者可以继续完善上述程序，如增加计算往返时延的功能，将输出结果改为 Windows 操作系统的 tracert 命令的输出形式等。

3.6 ARP 实现活动主机的探测

探测网络中的活动主机的方法有很多，ping 程序利用 ICMP 回送请求报文进行探测，它可以探测互联网中的任何一台主机，但是出于安全性的考虑，互联网中的很多主机不会响应发送给它们的 ICMP 回送请求报文，如程序 3-1_tracert.py 中的一些路由器。另外，ping 程序也可以一次性探测一个网络前缀中的所有活动的主机，如 ping 192.168.1.255。

ARP 只能在直连网络中使用，不能穿越路由器，因此，通过 ARP 只能探测直连网络中的活动主机。通过 ARP 探测活动主机的原理很简单，源主机在网络中广播发送 ARP 询问报文，请求某个主机的 MAC 地址，如果收到某个主机发送的 ARP 响应报文，则说明该目的主机是活动的。参考程序如下。

```
01: # 3-2_arp_ping.py
02: # 通过向目的 IP 地址发送 ARP 询问报文，来探测目的 IP 地址是否为活动主机
03: # 注意
04: # 在 macOS 操作系统中的命令方式运行报错：[Error 24: too many open files]
05: # 查看允许打开的文件数 ulimit -n，将其修改为 ulimit -n 10000，来解决上述
    # 问题
06:
07: from scapy.all import *
08: from multiprocessing import Process
09: import ipaddress
10:
11:
12: def get_if_mac(ifname):
13:     '''读取本机发送帧的接口的 MAC 地址'''
14:     return(get_if_hwaddr(ifname))
15:
16:
17: def arp_request(ip_address, ifname):
18:     '''
19:     获取 ip_address 的 MAC 地址
20:     '''
```

```
21:        # 构建一个以太网帧, 封装的是 ARP 询问报文
22:        eht_pkt = Ether(
23:            dst = 'ff:ff:ff:ff:ff:ff', src=get_if_mac(ifname))/ARP(
24:            op=1, hwdst='00:00:00:00:00:00', pdst=ip_address)
25:
26:        try:
27:            # 发送帧
28:            result_raw = srp(eht_pkt, timeout=2, iface=ifname, verbose=False)
29:            result_list = result_raw[0].res
30:            # 处理 ARP 响应报文, 输出 ARP 响应报文的 hwsrc
31:            # 为了理解 ARP 报文的结构
32:            if len(result_list)!=0:
33:                # 可以直接输出返回帧中的源 MAC 地址, 如以下注释行所示
34:                # print(result_list[0][1].src)
35:                mac = str(result_list[0][1].getlayer(ARP).fields['hwsrc'])
36:                print(
37:                    "{} 是活动主机, 它的 MAC 地址是: {}".format(ip_address, mac))
38:        except:
39:            return
40:
41:
42: def arp_ping(net_prefix, ifname):
43:     '''
44:     向网络前缀 net_prefix 中的 IP 地址发送 ARP 询问
45:     采用多进程方式, 也可采用多线程方式
46:     '''
47:     net = ipaddress.ip_network(net_prefix)
48:     # 保存进程队列
49:     p_list = []
50:     for ip in net:
51:         # 遍历网络中所有的 IP 地址
```

```
52:         ip_addr = str(ip)
53:         # 多进程方式向 IP 地址发送 ARP 询问
54:         p = Process(target=arp_request, args=(ip_addr, ifname))
55:         p.start()
56:         p_list.append(p)
57:     for res in p_list:
58:         # 等待进程结束
59:         res.join()
60:
61:
62: if __name__ == '__main__':
63:     '''
64:     arp_ping prefix interface
65:     prefix 可以是斜线记法的前缀, 如 192.168.1.0/25
66:     prefix 如果不是斜线记法, 默认/32, 即探测一台具体的主机
67:     interface 是主机发送帧的物理接口, 如 en0
68:     '''
69:     print("arping...")
70:     arp_ping(sys.argv[1], sys.argv[2])
```

程序 3-2_arp_ping.py 中各函数的功能已经在程序中注释，程序运行的结果如下。

```
01: (base) Mac-mini:code $ python 3-2_arp_ping.py 192.168.1.0/25 en0
02: arping...
03: 192.168.1.1 是活动主机, 它的 MAC 地址是: d8:4a:2b:b1:56:c0
04: 192.168.1.3 是活动主机, 它的 MAC 地址是: fa:0a:9b:9b:d2:92
05: 192.168.1.6 是活动主机, 它的 MAC 地址是: 16:6a:cf:4f:4b:01
06: 192.168.1.7 是活动主机, 它的 MAC 地址是: f0:18:98:ee:37:42
07:
08: (base) Mac-mini:code $ python 3-2_arp_ping.py 192.168.1.1 en0
09: arping...
10: 192.168.1.1 是活动主机, 它的 MAC 地址是: d8:4a:2b:b1:56:c0
```

第 1 行代码，探测网络前缀 192.168.1.0/25 中的活动主机。

第 8 行代码，探测 IP 地址为 192.168.1.1/32 的主机是否是活动主机。

第 4 章 运输层实验

> **实验目的：**

理解三报文握手建立 TCP 连接和四报文挥手释放 TCP 连接的过程。

掌握套接字程序的设计方法。

掌握三报文握手建立 TCP 连接的程序设计方法。

掌握端口扫描程序的设计与实现方法。

4.1 抓包分析 TCP 连接的建立与释放

为简单起见，以图 3-1 所示的网络拓扑进行实验，可以直接抓取本机网卡上的 TCP 连接进行分析。在路由器 R1 上完成密码配置，启用 Telnet（远程登录）服务，然后从交换机 ESW1 远程登录到路由器 R1，把交换机 ESW1 作为路由器 R1 的远程终端，实现在交换机 ESW1 上对路由器 R1 进行远程操作。

1. 路由器 R1 的密码配置

```
R1(config)#enable password cisco      # 配置使能密码（特权用户密码）
R1(config)#line vty 0 5               # 选择虚拟终端
R1(config-line)#login
R1(config-line)#password cisco        # 配置远程登录密码
```

2. 实验步骤

（1）在交换机 ESW1 与路由器 R1 的链路上启动 Wireshark 抓包。

（2）在交换机 ESW1 上远程访问路由器 R1。

```
ESW1#telnet 1.1.1.2
Trying 1.1.1.2 ... Open
```

```
User Access Verification
Password:                        # 输入登录密码cisco,进入用户模式
R1>en                            # 转为特权模式
Password:                        # 输入密码cisco,进入特权模式
R1#exit                          # 退出登录(注意系统提示符由">"变为"#")

[Connection to 1.1.1.2 closed by foreign host]
ESW1#
```

3. 结果分析

(1) 三报文握手建立 TCP 连接如图 4-1 所示。

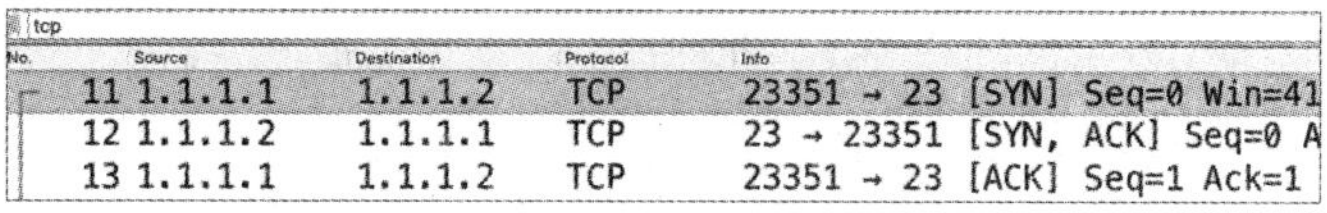

```
   No.   Source      Destination    Protocol   Info
   11  1.1.1.1       1.1.1.2        TCP        23351 → 23 [SYN] Seq=0 Win=41
   12  1.1.1.2       1.1.1.1        TCP        23 → 23351 [SYN, ACK] Seq=0 A
   13  1.1.1.1       1.1.1.2        TCP        23351 → 23 [ACK] Seq=1 Ack=1
```

图 4-1 三报文握手建立 TCP 连接

序号 11：第 1 个报文握手，SYN 置 1 的报文。

序号 12：第 2 个报文握手，SYN、ACK 分别置 1 的报文。

序号 13：第 3 个报文握手，ACK 置 1 的报文。

请注意图 4-1 中的 "Seq" 和 "Ack" 的值，TCP 连接建立的初始序号并不是从 0 开始的，这里使用了 Wireshark 软件默认设置的相对序号（TCP 设置中勾选 "Relative sequence numbers" 复选框），以便分析 TCP 序号的变化情况。

① 第 1 个报文（图 4-1 中序号为 11 的包）。

```
Internet Protocol Version 4, Src: 1.1.1.1, Dst: 1.1.1.2
                                 # 源IP地址与目的IP地址
Transmission Control Protocol, Src Port: 23351, Dst Port: 23, Seq: 0,
Len: 0
        Source Port: 23351 (23351)   # 源端口号为23351
        Destination Port: telnet (23) # 目的端口号为23,Telnet默认监听23号端口
        Sequence number: 0           # 本报文段序号Seq携带1个字节的编号
        Acknowledgment number: 0     # SYN=1的TCP连接请求报文,序号Ack无意义
        Header Length: 24 bytes      # 首部长度为24字节,选项部分为4字节
```

```
Flags: 0x002 (SYN)
    000. .... .... = Reserved: Not set
    ...0 .... .... = Nonce: Not set
    .... 0... .... = Congestion Window Reduced (CWR): Not set
                                                # 与TCP拥塞控制有关
    .... .0.. .... = ECN-Echo: Not set          # 与TCP拥塞控制有关
    .... ..0. .... = Urgent: Not set            # 紧急位为0,没有紧急数据
    .... ...0 .... = Acknowledgment: Not set
                                                # 确认位ACK为0,第1个报文握手无意义
    .... .... 0... = Push: Not set              # PSH位为0
    .... .... .0.. = Reset: Not set             # RST位为0
    .... .... ..1. = Syn: Set                   # SYN=1,请求建立TCP连接
    .... .... ...0 = Fin: Not set               # FIN位无意义
Window size value: 4128                         # 窗口大小,限制对方发送数据的能力
Checksum: 0x55c0 [unverified]                   # 检验和
Urgent pointer: 0                               # 紧急指针
Options: (4 bytes), Maximum segment size        # 选项部分
    Maximum segment size: 1460 bytes
        Kind: Maximum Segment Size (2)# 选项类型为协议最大报文段长度
        Length: 4
        MSS Value: 1460                         # 最大报文段长度
```

② 第2个报文(图4-1中序号为12的包)。

```
Internet Protocol Version 4, Src: 1.1.1.2, Dst: 1.1.1.1
Transmission Control Protocol, Src Port: 23, Dst Port: 23351, Seq: 0, Ack: 1, Len: 0
    Source Port: telnet (23)
    Destination Port: 23351 (23351)
    Sequence number: 0                          # Seq=0,本报文段序号
    Acknowledgment number: 1                    # Ack=1,第1个报文消耗1个序号
    Header Length: 24 bytes
    Flags: 0x012 (SYN, ACK) # SYN=1, ACK=1,第2个报文,服务器同意建立连接
    000. .... .... = Reserved: Not set
    ...0 .... .... = Nonce: Not set
    .... 0... .... = Congestion Window Reduced (CWR): Not set
    .... .0.. .... = ECN-Echo: Not set
```

```
            .... ..0. .... = Urgent: Not set
            .... ...1 .... = Acknowledgment: Set      # ACK 位为 1
            .... .... 0... = Push: Not set
            .... .... .0.. = Reset: Not set
            .... .... ..1. = Syn: Set                 # SYN 位为 1
            .... .... ...0 = Fin: Not set
        Window size value: 4128
        Urgent pointer: 0
        Options: (4 bytes), Maximum segment size
            Maximum segment size: 1460 bytes
                Kind: Maximum Segment Size (2)
                Length: 4
                MSS Value: 1460
```

③ 第 3 个报文（图 4-1 中序号为 13 的包）。

```
Internet Protocol Version 4, Src: 1.1.1.1, Dst: 1.1.1.2
Transmission Control Protocol, Src Port: 23351, Dst Port: 23, Seq: 1,
Ack: 1, Len: 0
    Source Port: 23351 (23351)
    Destination Port: telnet (23)
    Sequence number: 1                    # Seq=1, 本报文段序号
    Acknowledgment number: 1              # Ack=1, 第 2 个报文消耗 1 个序号
    Header Length: 20 bytes
    Flags: 0x010 (ACK                     # ACK=1, 第 3 个报文确认
        000. .... .... = Reserved: Not set
        ...0 .... .... = Nonce: Not set
        .... 0... .... = Congestion Window Reduced (CWR): Not set
        .... .0.. .... = ECN-Echo: Not set
        .... ..0. .... = Urgent: Not set
        .... ...1 .... = Acknowledgment: Set      # ACK 位为 1
        .... .... 0... = Push: Not set
        .... .... .0.. = Reset: Not set
        .... .... ..0. = Syn: Not set
        .... .... ...0 = Fin: Not set
    Window size value: 4128
    Checksum: 0x0de7 [unverified]
```

```
Urgent pointer: 0
```

三报文握手建立 TCP 连接的总结如图 4-2 所示，在 Wireshark 软件中先选择"统计"选项，再选择"流量图"选项，流量类型为 TCP。不同版本的 Wireshark 软件，其功能有所不同。

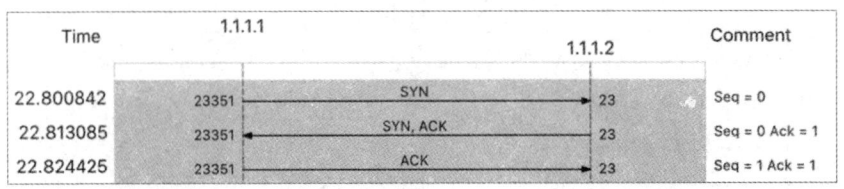

图 4-2 三报文握手建立 TCP 连接的总结

注意，三报文握手建立 TCP 连接之后，客户端发送数据时，Ack 的值本应为 2，但实际为 1，说明三报文没有消耗序号。换而言之，三报文握手建立 TCP 连接时，SYN 置 1 的报文需消耗 1 个序号，仅 ACK 置 1 的报文没有消耗序号。

（2）四报文挥手释放 TCP 连接如图 4-3 所示。

```
 tcp
No.    Source      Destination    Protocol    Info
  75   1.1.1.2     1.1.1.1        TCP         23 → 23351 [FIN, PSH, ACK] Seq=1
  76   1.1.1.1     1.1.1.2        TCP         23351 → 23 [ACK] Seq=49 Ack=104
  77   1.1.1.1     1.1.1.2        TCP         23351 → 23 [FIN, PSH, ACK] Seq=4
  78   1.1.1.2     1.1.1.1        TCP         23 → 23351 [ACK] Seq=104 Ack=50
```

图 4-3 四报文挥手释放 TCP 连接

① 服务器发送的第 1 个报文（图 4-3 中序号为 75 的包）：请求释放 TCP 连接。

实验结果表明，服务器首先发起了 TCP 连接的释放过程。回顾交换机 ESW1 远程登录过程，请注意登录完成之后所有的输入内容均在远程服务器上运行。

```
ESW1#telnet 1.1.1.2
Trying 1.1.1.2 ... Open
User Access Verification
Password:
R1>en
Password:
R1#exit                              # 实际上服务器执行退出 Telnet 连接
 [Connection to 1.1.1.2 closed by foreign host]# Telnet 连接被服务器关闭
```

```
ESW1#
```

虽然第 1 个报文挥手是服务器发送的，但不影响对四报文挥手释放 TCP 连接的理解。事实上，很多情况下都是服务器首先要求释放 TCP 连接的。

```
Internet Protocol Version 4, Src: 1.1.1.2, Dst: 1.1.1.1
                                    # 服务器第 1 个报文挥手
Transmission Control Protocol, Src Port: 23, Dst Port: 23351…
    Source Port: telnet (23)      # 源端口号为 23,说明是服务器发出的 TCP 报文
    Destination Port: 23351 (23351)   # 目的端口为 23351
    Sequence number: 103          # 客户端收到 0~102 字节的数据
    Acknowledgment number: 49     # 服务器收到对方前 0~48 字节的数据
    Header Length: 20 bytes
    Flags: 0x019 (FIN, PSH, ACK)
        000. .... .... = Reserved: Not set
        ...0 .... .... = Nonce: Not set
        .... 0... .... = Congestion Window Reduced (CWR): Not set
        .... .0.. .... = ECN-Echo: Not set
        .... ..0. .... = Urgent: Not set
        .... ...1 .... = Acknowledgment: Set   # 对收到的数据进行确认
        .... .... 1... = Push: Set   # TCP 立即发送,接收端立即上交应用进程
        .... .... .0.. = Reset: Not set
        .... .... ..0. = Syn: Not set
        .... .... ...1 = Fin: Set   # 请求释放服务器到客户端的连接
    Window size value: 4080       # 服务器的窗口大小
    Checksum: 0x0d78 [unverified]
    Urgent pointer: 0
```

② 客户端发送的第 2 个报文（图 4-3 中序号为 76 的包）：同意服务器释放 TCP 连接。

```
Internet Protocol Version 4, Src: 1.1.1.1, Dst: 1.1.1.2
                                    # 客户端同意服务器释放 TCP 连接
Transmission Control Protocol, Src Port: 23351, Dst Port: 23…
    Source Port: 23351 (23351)
    Destination Port: telnet (23)
    Sequence number: 49           # 服务器收到 0~48 字节的数据
    Acknowledgment number: 104
                # 客户端收到 0~103 字节的数据,一个报文挥手消耗 1 个序号
```

```
Header Length: 20 bytes
Flags: 0x010 (ACK)
    000. .... .... = Reserved: Not set
    ...0 .... .... = Nonce: Not set
    .... 0... .... = Congestion Window Reduced (CWR): Not set
    .... .0.. .... = ECN-Echo: Not set
    .... ..0. .... = Urgent: Not set
    .... ...1 .... = Acknowledgment: Set    # 同意服务器释放TCP连接
    .... .... 0... = Push: Not set
    .... .... .0.. = Reset: Not set
    .... .... ..0. = Syn: Not set
    .... .... ...0 = Fin: Not set
Window size value: 4026
Checksum: 0x0db6 [unverified]
Urgent pointer: 0
```

③ 客户端发送的第 3 个报文（图 4-3 中序号为 77 的包）：客户端请求释放 TCP 连接。

```
Internet Protocol Version 4, Src: 1.1.1.1, Dst: 1.1.1.2
                                    # 客户端请求释放TCP连接
Transmission Control Protocol, Src Port: 23351, Dst Port: 23,…
    Source Port: 23351 (23351)
    Destination Port: telnet (23)
    Sequence number: 49                 # 服务器收到0~48字节数据
    Acknowledgment number: 104          # 客户端收到0~103字节数据
    Header Length: 20 bytes
    Flags: 0x019 (FIN, PSH, ACK)
        000. .... .... = Reserved: Not set
        ...0 .... .... = Nonce: Not set
        .... 0... .... = Congestion Window Reduced (CWR): Not set
        .... .0.. .... = ECN-Echo: Not set
        .... ..0. .... = Urgent: Not set
        .... ...1 .... = Acknowledgment: Set# 对收到的数据进行重复确认
        .... .... 1... = Push: Set   # TCP立即发送，接收端立即上交应用进程
        .... .... .0.. = Reset: Not set
        .... .... ..0. = Syn: Not set
        .... .... ...1 = Fin: Set     # 客户端请求释放TCP连接
```

```
        Window size value: 4026
        Checksum: 0x0dad [unverified]
Urgent pointer: 0
```

④ 服务器发送的第 4 个报文（图 4-3 中序号为 78 的包）：服务器同意客户端释放 TCP 连接。

```
Internet Protocol Version 4, Src: 1.1.1.2, Dst: 1.1.1.1
                                  # 服务器同意客户端释放 TCP 连接
Transmission Control Protocol, Src Port: 23, Dst Port: 23351……
    Source Port: telnet (23)
    Destination Port: 23351 (23351)
    Sequence number: 104        # 客户端收到 0~103 字节的数据
    Acknowledgment number: 50
                    # 服务器收到 0~49 字节的数据，三报文挥手消耗 1 个序号
    Header Length: 20 bytes
    Flags: 0x010 (ACK)
        000. .... .... = Reserved: Not set
        ...0 .... .... = Nonce: Not set
        .... 0... .... = Congestion Window Reduced (CWR): Not set
        .... .0.. .... = ECN-Echo: Not set
        .... ..0. .... = Urgent: Not set
        .... ...1 .... = Acknowledgment: Set       # ACK 位为 1
        .... .... 0... = Push: Not set
        .... .... .0.. = Reset: Not set
        .... .... ..0. = Syn: Not set
        .... .... ...0 = Fin: Not set
    Window size value: 4080
    Checksum: 0x0d7f [unverified]
    Urgent pointer: 0
```

四报文挥手释放 TCP 连接的总结如图 4-4 所示。注意，FIN 置 1 的报文需消耗 1 个序号。

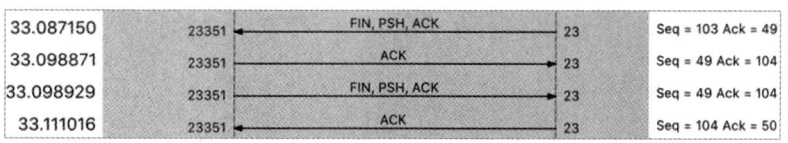

图 4-4　四报文挥手释放 TCP 连接的总结

4.2 套接字程序

1. 实验环境简介

实验的网络拓扑如图 4-5 所示,它是基于 Linux 虚拟机的网络拓扑。

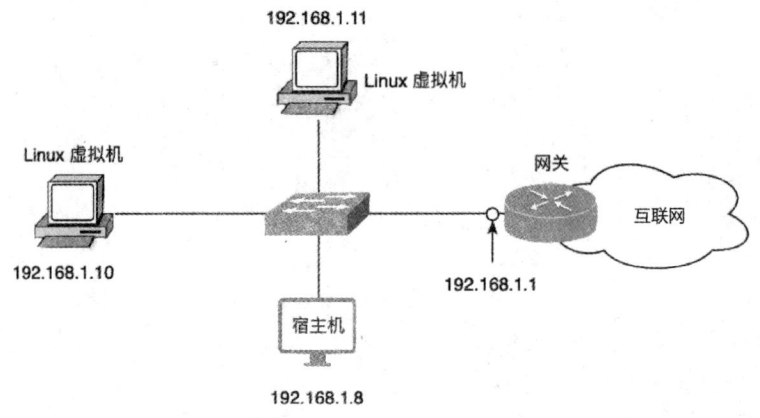

图 4-5 实验的网络拓扑

读者在没有实验条件(有多台计算机组成的网络且与互联网连通)的情况下,可以采用虚拟机方式。在宿主机中运行虚拟机软件并创建两台 Linux 虚拟机,Linux 虚拟机和宿主机采用桥接方式互通。由于编者宿主机的硬件资源有限,Linux 虚拟机无图形操作界面,故采用 CLI(命令行界面)方式操作,在这种情况下,抓取通信过程中的数据包时需要注意以下几点。

(1)如果需要抓取 Linux 虚拟机间通信的数据包,则在 Linux 虚拟机中运行抓包命令并保存为.cap 文件,然后将抓包文件复制到宿主机中,用 Wireshark 软件打开该文件进行分析。抓包命令如下(具体实验中均有提示)。

```
sudo tcpdump -i ens33 -w file_name.cap
```

上面命令中,"ens33"是 Linux 虚拟机网卡的名称。注意,某些版本的 Wireshark 软件不能打开后缀是.cap 的文件,读者可以先将文件后缀更改为.pcap,再尝试用 Wireshark 软件打开。

(2)如果需要抓取 Linux 虚拟机与宿主机间通信的数据包,则可以在宿主机中直接使用 Wireshark 软件抓包并分析结果。

（3）如果需要抓取 Linux 虚拟机与网关（或互联网中的主机）间通信的数据包，则可以在宿主机中直接使用 Wireshark 软件抓包并分析结果。

（4）如果需要抓取宿主机与外界通信的数据包，则在宿主机中直接使用 Wireshark 软件抓包。

另外需要注意的是，实验程序是按 Python3 格式编写的，因此读者需要在 Linux 虚拟机中安装 Python3 软件。如果 Linux 虚拟机中安装了 Python2 和 Python3 软件，则在 Linux 虚拟机中运行实验程序时，需使用 python 3 命令运行程序，如 python3 4-1.py。编者的宿主机中仅安装了 Python 3 软件，故宿主机中可以直接使用 python 命令运行程序，如 python 4-1.py。总之，读者需要根据自己的实验环境来正确运行程序。

2. 概述

套接字（Socket）是应用层与运输层之间的一个软件抽象层，它将复杂的运输层屏蔽起来，应用进程通过套接字就能够完成数据的交互。可以把套接字想象成有线电话的接线口，电话线在插入接线口之后才能进行通话。套接字有多种类型，如互联网套接字（AF_INET）、UNIX 套接字（AF_UNIX）等，本书仅介绍最具代表性且最经典的互联网套接字。

在互联网中，通信的两个端点在通信之前必须创建套接字，套接字是一个 IP 地址与端口组成的二元组，它表示通信的端点。根据运输层数据的传输方式，互联网套接字被分为流套接字（SOCK_STREAM，采用运输层 TCP）和数据报套接字（SOCK_DGRAM，采用运输层 UDP）。

3. 常用的套接字对象

常用的套接字对象如表 4-1 所示。

表 4-1 常用的套接字对象

名称	描述
服务器	
bind(ip_addr,port)	绑定 IP 地址和端口（ip_addr,port）到套接字

续表

名称	描述
服务器	
listen(backlog)	监听端口，等待客户端连接，backlog 用于指明同时受理连接申请的最大数据量
accept()	被动接收客户端的连接请求，一直等待，直到客户端连接请求到来（阻塞）
客户端	
connect(ip_addr,port)	主动向服务器发起 TCP 连接请求
普通通用	
recv()	接收 TCP 消息
send()	发送 TCP 消息
close()	关闭套接字

4. TCP 通信模型

TCP 通信模型如图 4-6 所示。

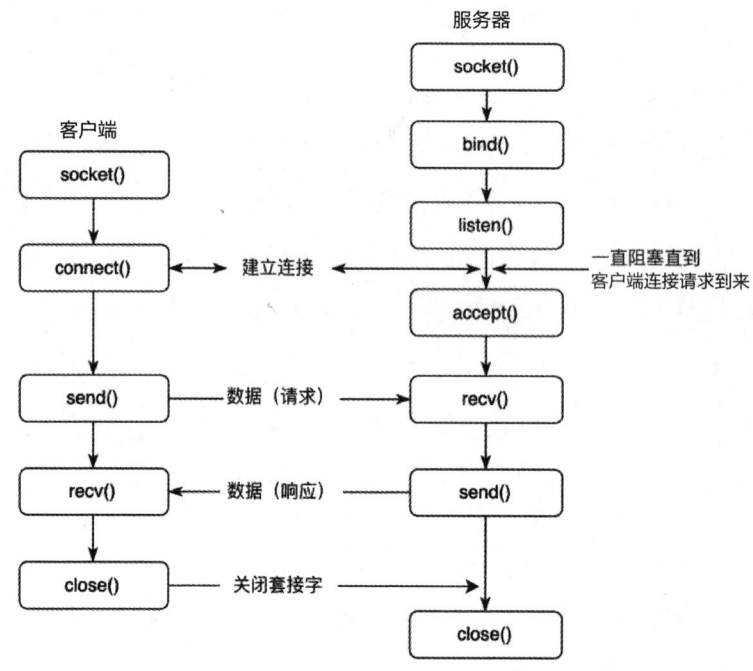

图 4-6　TCP 通信模型

客户端：首先通过 connect(ip_addr,port)命令主动向服务器请求建立连接，然后用 send()命令向服务器发送数据，且用 recv()命令接收服务器返回的数据。

服务器：首先通过 bind(ip_addr,port)命令绑定 IP 地址和端口，如果 ip_addr

为空，表示绑定本机所有活动接口的 IP 地址；然后使用 listen()命令监听端口，控制同时受理连接申请的最大数据量，accept()命令则一直阻塞等待，直到有客户端连接请求到来，并且用 recv()命令接收客户端发送来的数据，用 send()命令向客户端发送数据。

5. Python TCP 通信程序（参考）

程序分为服务器程序和客户端程序，如果在同一台机器中运行这两个程序，服务器程序和客户端程序中的 IP 地址应该设置为 127.0.0.1，Wireshark 软件抓包时应选择 loopback 接口进行抓包。本实验在 IP 地址为 192.168.1.11 的主机中运行 4-1.py 服务器程序，而在 IP 地址为 192.168.1.10 的主机中运行 4-2.py 客户端程序，这两台主机均是 Linux 虚拟机，程序也可以在 Windows 操作系统中运行，在 Linux 操作系统中通过 tcpdump 命令抓取通信结果并将其保存到文件中。

```
sudo tcpdump -i ens33 -w TCP_Server_Client.cap
```

以下的客户端程序和服务器程序实现了简单的一问一答式的"AI"英语翻译功能，客户端向服务器提问，服务器给出回答。例如，客户端输入"1"，服务器回答"one"（仅翻译数字 1~5），输入"bye"时退出。

（1）服务器程序 4-1.py 如下。

```
01: # 4-1.py TCP Server
02:
03: import socket
04:
05: # 如果IP地址为空，则绑定所有活动接口的 IP 地址
06: IP = '192.168.1.11'       # 服务器 IP 地址
07: PORT = 6161               # 监听端口
08: BUFFER_SIZE = 1024        # 接收缓存
09: ADDR = (IP, PORT)
10:
11: # 创建互联网流套接字（采用运输层 TCP）
12: s = socket.socket(socket.AF_INET, socket.SOCK_STREAM)
13: # 绑定地址
14: s.bind(ADDR)
```

```
15:    # 监听
16:    s.listen(1)
17:    # 可回答的信息，即服务器的知识库
18:    num_en = {'1':'one', '2':'two', '3':'three', '4':'four', '5':'five'}
19:    # 阻塞，等待客户端连接请求
20:    conn, addr = s.accept()
21:    print('有人找我了，他的地址是：{}'.format(addr))
22:
23:    # conn.send(bytes('hi', encoding='utf-8'))
24:    # 该行用于设置测试运行程序 4-3.py 时，服务器重传数据的次数
25:    while 1:
26:        try:
27:            # 接收客户端发送的消息
28:            data = conn.recv(BUFFER_SIZE)
29:            de_data = data.decode('utf-8')
30:            conn.send(bytes('hi', encoding='utf-8'))
31:            if de_data =='bye':
32:                s.close()
33:                break
34:            elif int(de_data) not in range(1,6):
35:                conn.send(bytes(de_data+' 这个我不会. ', encoding='utf-8'))
36:                continue
37:            else:
38:                print( "请帮我翻译的数字：{}".format(de_data))
39:                # 寻找答案
40:                for key, value in num_en.items():
41:                    if de_data == key:
42:                        # 发送响应消息
43:                        conn.send(bytes(de_data+' 的英语是：'+value, encoding='utf-8'))
44:                        break
45:        except:
46:            continue
47:
```

```
48: conn.close()
49: s.close()
```

(2) 客户端程序 4-2.py 如下。

```
01: # 4-2.py TCP Client
02:
03: import socket
04:
05: IP = '192.168.1.11'
06: PORT = 6161
07: ADDR = (IP, PORT)
08: BUFFER_SIZE = 1024
09: # 创建互联网流套接字（采用运输层 TCP）
10: s = socket.socket(socket.AF_INET, socket.SOCK_STREAM)
11: # 与服务器三报文握手建立 TCP 连接
12: s.connect(ADDR)
13:
14: while True:
15:     say = input("请输入一个数字，输入 bye 退出:")
16:     if say != 'bye':
17:         if (len(say) !=1) or not say.isdigit():
18:             print("请输入 1-5 之间的数字.")
19:             continue
20:     s.send(say.encode('utf-8'))
21:     if say=='bye':
22:         break
23:     # 接收服务器发送的消息
24:     data = s.recv(BUFFER_SIZE)
25:     print( "AI 翻译回答: {}".format(data.decode('utf-8')))
26:
27: s.close()
```

(3) 程序运行情况和抓包结果。

首先，在服务器（Linux 操作系统，IP 地址为 192.168.1.11）上执行抓包命令，并运行服务器程序 4-1.py。

然后，在客户端（Linux 操作系统，IP 地址为 192.168.1.10）上运行客户端程序 4-2.py。

服务器（IP 地址为 192.168.1.11）中的运行结果如下。

```
sudo tcpdump -i ens33 -w TCP_Server_Client.cap
sudo python3 4-1.py
有人找我了，他的地址是：('192.168.1.10', 37816)
请帮我翻译的数字：1
请帮我翻译的数字：2
请帮我翻译的数字：3
```

客户端（IP 地址为 192.168.1.10）中的运行结果如下。

```
sudo python3 4-2.py
请输入一个数字，输入 bye 退出:1
AI 翻译回答：1 的英语是：one
请输入一个数字，输入 bye 退出:2
AI 翻译回答：2 的英语是：two
请输入一个数字，输入 bye 退出:3
AI 翻译回答：3 的英语是：three
请输入一个数字，输入 bye 退出:bye
```

客户端与服务器间通信过程的抓包结果（TCP_Server_Client.cap）如图 4-7 所示。

No.	Time	Source	Destination	Protocol	Info
1	1676107291.968243	192.168.1.10	192.168.1.11	TCP	37816 → 6161 [SYN] Seq=0 Win=64240 Len=0 MSS=1460 SAC
2	1676107291.968309	192.168.1.11	192.168.1.10	TCP	6161 → 37816 [SYN, ACK] Seq=0 Ack=1 Win=65160 Len=0 M
3	1676107291.968616	192.168.1.10	192.168.1.11	TCP	37816 → 6161 [ACK] Seq=1 Ack=1 Win=64256 Len=0
4	1676107293.153055	192.168.1.10	192.168.1.11	TCP	37816 → 6161 [PSH, ACK] Seq=1 Ack=1 Win=64256 Len=1
5	1676107293.153074	192.168.1.11	192.168.1.10	TCP	6161 → 37816 [ACK] Seq=1 Ack=2 Win=65280 Len=0
6	1676107293.153522	192.168.1.11	192.168.1.10	TCP	6161 → 37816 [PSH, ACK] Seq=1 Ack=2 Win=65280 Len=20
7	1676107293.153737	192.168.1.10	192.168.1.11	TCP	37816 → 6161 [ACK] Seq=2 Ack=21 Win=64256 Len=0
8	1676107293.705035	192.168.1.10	192.168.1.11	TCP	37816 → 6161 [PSH, ACK] Seq=2 Ack=21 Win=64256 Len=1
9	1676107293.705389	192.168.1.11	192.168.1.10	TCP	6161 → 37816 [PSH, ACK] Seq=21 Ack=3 Win=65280 Len=20
10	1676107293.705624	192.168.1.10	192.168.1.11	TCP	37816 → 6161 [ACK] Seq=3 Ack=41 Win=64256 Len=0
11	1676107294.201020	192.168.1.10	192.168.1.11	TCP	37816 → 6161 [PSH, ACK] Seq=3 Ack=41 Win=64256 Len=1
12	1676107294.201375	192.168.1.11	192.168.1.10	TCP	6161 → 37816 [PSH, ACK] Seq=41 Ack=4 Win=65280 Len=22
13	1676107294.201571	192.168.1.10	192.168.1.11	TCP	37816 → 6161 [ACK] Seq=4 Ack=63 Win=64256 Len=0
14	1676107295.704690	192.168.1.10	192.168.1.11	TCP	37816 → 6161 [PSH, ACK] Seq=4 Ack=63 Win=64256 Len=3
15	1676107295.704837	192.168.1.10	192.168.1.11	TCP	37816 → 6161 [FIN, ACK] Seq=7 Ack=63 Win=64256 Len=0
16	1676107295.704879	192.168.1.11	192.168.1.10	TCP	6161 → 37816 [FIN, ACK] Seq=63 Ack=8 Win=65280 Len=0
17	1676107295.705003	192.168.1.10	192.168.1.11	TCP	37816 → 6161 [ACK] Seq=8 Ack=64 Win=64256 Len=0

图 4-7　客户端与服务器间通信过程的抓包结果（TCP_Server_Client.cap）

序号 1~序号 3 是客户端与服务器间三报文握手建立 TCP 连接的过程，服务器监听的端口 6161 由服务器程序 4-1.py 指定，而客户端的端口 37816 是由操作系统分配的一个临时端口。

序号 4～序号 14 是客户端与服务器间传输数据的过程。例如，序号 4 是客户端向服务器发送数字"1"，序号 5 是服务器对序号 4 的确认，序号 6 是服务器回送的处理结果的消息，即"1 的英语是：one"，序号 7 是客户端对序号 6 的确认，即序号 4 和序号 6 传输的是数据，而序号 5 和序号 7 传输的是确认消息。可以看出，双方各发送一次数据需要 4 个报文，其中 2 个是传输数据的报文，另外 2 个是确认报文。

序号 15～序号 17 是客户端与服务器四次挥手释放 TCP 连接的过程。注意，由于第二次挥手报文与第三次挥手报文合并为一个报文（序号 16），故释放 TCP 连接的过程只使用了三个挥手报文。

在 TCP 整个会话期间，客户端与服务器间一共传输了 17 个 TCP 报文段，双方共传输了 68 字节的数据，其中客户端向服务器传输了数据"123bye"共 6 字节，服务器向客户端传输了数据"1 的英语是：one 2 的英语是：two 3 的英语是：three"共 62 字节（utf-8 编码）。假设每个 TCP 报文段的首部长度仅有 20 字节，则在整个会话期间一共传输了

$$20×17+68=408 \text{ 字节}$$

故整个会话期间，运输层的传输效率是$(68/408)×100\%≈17\%$。

4.3 建立 TCP 连接的通用程序

TCP 通信的第一步就是在客户端与服务器之间建立 TCP 连接，前面实验中，服务器程序 4-1.py 与客户端程序 4-2.py 之间 TCP 连接的建立和释放是由操作系统自动完成的，应用程序并不关心。所谓的建立 TCP 连接的通用程序是指 TCP 连接的管理不再由操作系统负责，而由应用程序自己来管理。为了建立 TCP 连接，客户端程序首先向服务器程序发送第一报文握手并接收服务器发回的第二报文握手，然后向服务器程序发送第三报文握手，最后客户端程序退出[注意，没有创建 TCB（传输控制块）来保留 TCP 连接的信息]，这使得客户端程序似乎与服

务器程序建立了一个 TCP 连接，但事实上这是一个虚假的 TCP 连接。所谓虚假的 TCP 连接，是指服务器认为与客户端建立了 TCP 连接（服务器程序创建了 TCP 连接），而事实上客户端根本不存在。我们利用该程序，来更好地理解 TCP。出于安全性考虑，请读者仅在自己管理的计算机（如虚拟机）网络中建立这种虚假的、欺骗服务器的 TCP 连接。

1. 源程序简介

在前面所述的套接字程序设计中，TCP 连接的建立是通过操作系统实现的，本实验是通过 Python 编程来模拟三报文握手建立 TCP 连接的过程。程序在 Ubuntu 操作系统中运行（也可以在 Windows 操作系统中运行），其版本是 Ubuntu 18.04.3 LTS（GNU/Linux 4.15.0-117-generic x86_64）。程序及说明如下。

```
01: # 4-3.py 三报文握手建立 TCP 连接
02: # 运行环境：Ubuntu 18.04.3 LTS (GNU/Linux 4.15.0-117-generic x86_64)
03: # 需要将自己发送的 RST 包丢弃
04: # sudo iptables -A OUTPUT -p tcp --tcp-flags RST RST -s 192.168.1.10
     # -j DROP
05: # 命令格式 4-3.py srcIP, dstIP, sport, dport
06:
07: from scapy.all import *
08: import sys
09:
10: def three_wayTCP(srcIP, dstIP, sport, dport):
11:     # 构造 IP 分组
12:     pkt_ip = IP(src=srcIP, dst=dstIP)
13:     # 构造 TCP 报文段
14:     pkt_tcp = TCP(sport=sport, dport=dport, flags='S', seq=1000)
15:     # 将 TCP 报文段封装到 IP 分组中，并发送该 IP 分组（发送第一报文握手）
16:     # 将服务器返回的第二报文握手保存在 pkt_syn_ack 中
17:     pkt_syn_ack = sr1(pkt_ip/pkt_tcp, timeout=1, verbose=0)
18:     # 构造第三报文握手
19:     pkt_ack = TCP(sport=sport, dport=dport, flags='A',
20:         seq=pkt_syn_ack.ack, ack=pkt_syn_ack.seq+1)
```

```
21:     # 发送第三报文握手
22:     send(pkt_ip/pkt_ack, verbose=0)
23:
24: def main():
25:     args = sys.argv
26:     try:
27:         src = args[1]      # 源 IP 地址
28:         dst = args[2]      # 目的 IP 地址
29:         sport = args[3]    # 源端口
30:         dport =args[4]     # 目的端口
31:
32:         three_wayTCP(src, dst, int(sport), int(dport))
33:     except:
34:         print("程序运行出错!")
35:
36: if __name__ == '__main__':
37:     main()
```

注意,在 IP 地址为 192.168.1.10 的主机(Linux 操作系统)中执行以下两条命令来运行程序 4-3.py。

```
01: sudo iptables -A OUTPUT -p tcp --tcp-flags RST RST -s 192.168.1.10 -j DROP
02: sudo python3 4-3.py 192.168.1.10 xx.xx.xx.44 58580 80
```

第 1 条命令:用于丢弃自己发送的 RST 包。客户端在发送完第一报文握手之后,服务器发送了第二报文握手。由于客户端的操作系统并没有真正向服务器请求建立连接,因此客户端在突然收到第二报文握手后,客户端的操作系统认为这是一个错误的连接,它会向服务器发送一个 RST=1 的报文。在此之后程序发送的第三报文握手,服务器也会认为其是一个错误的连接而丢弃。在这种情况下,上述程序就无法与服务器建立虚假的 TCP 连接了。

第 2 条命令:运行程序 4-3.py 建立虚假的 TCP 连接,程序共需要 4 个参数,分别是源 IP 地址、目的 IP 地址、源端口和目的端口,即用于指定建立 TCP 连接的两个端点。

注意，目的主机 xx.xx.xx.44（互联网中的一台真实的主机）需要开启 80 端口（也可以采用 TCP 的其他端口），即目的主机必须是一台提供了 WWW 服务的主机（或其他服务的主机）。

如果在另一台主机上，如 192.168.1.11（Linux 操作系统），运行服务器程序 4-1.py，监听 6161 端口，则第 2 行改为如下命令也是可以的。

```
02: sudo python3 4-3.py 192.168.1.10 192.168.1.11 58580 6161
```

运行程序之后的抓包结果如图 4-8 所示。

No.	Time	Source	Destination	Protocol	Info
1	1676033691.744426	192.168.1.10	44	TCP	58580 → 80 [SYN] Seq=0 Win=8192 Len=0
2	1676033691.767453	44	192.168.1.10	TCP	80 → 58580 [SYN, ACK] Seq=0 Ack=1 Win=42340
3	1676033691.841075	192.168.1.10	44	TCP	58580 → 80 [ACK] Seq=1 Ack=1 Win=8192 Len=0
4	1676033751.860020	44	192.168.1.10	TCP	80 → 58580 [FIN, ACK] Seq=1 Ack=1 Win=42340
5	1676033752.177351	44	192.168.1.10	TCP	[TCP Retransmission] 80 → 58580 [FIN, ACK]
6	1676033752.788199	44	192.168.1.10	TCP	[TCP Retransmission] 80 → 58580 [FIN, ACK]
7	1676033753.997037	44	192.168.1.10	TCP	[TCP Retransmission] 80 → 58580 [FIN, ACK]
8	1676033756.430723	44	192.168.1.10	TCP	[TCP Retransmission] 80 → 58580 [FIN, ACK]
9	1676033761.314468	44	192.168.1.10	TCP	[TCP Retransmission] 80 → 58580 [FIN, ACK]
10	1676033771.026213	44	192.168.1.10	TCP	[TCP Retransmission] 80 → 58580 [FIN, ACK]
11	1676033790.508216	44	192.168.1.10	TCP	[TCP Retransmission] 80 → 58580 [FIN, ACK]
12	1676033831.944008	44	192.168.1.10	TCP	[TCP Retransmission] 80 → 58580 [FIN, ACK]

图 4-8 运行程序之后的抓包结果

序号 1～序号 3：模拟三报文握手建立 TCP 连接，即没有应用进程与远程服务器 80 端口建立真正的 TCP 连接，只是欺骗了远程服务器，让远程服务器认为有应用进程与其建立了连接。

序号 4：60s 之后，远程服务器一直未能收到客户端的请求数据，便直接向客户端发送 FIN=1 的请求释放连接的第一次挥手报文，进入 FIN-WAIT-1 状态。

序号 5～序号 12：由于虚假的 TCP 连接上只有服务器，所以服务器不可能收到客户端对 FIN=1 报文的确认报文，于是服务器超时，重传 FIN=1 报文，一共进行了 8 次超时重传。

2. 超时重传次数

对于 TCP 来说，设置超时重传次数是非常重要的。如果无限次地超时重传某个报文，将消耗端系统的资源，也给端系统带来了安全隐患。在图 4-8 中，已经给出了实验环境的操作系统中超时重传 FIN=1 报文的次数。在 Linux 操作系统中，通过一些内核参数来限定特定报文的超时重传次数（通过执行 **sudosysctl-a**

命令查看），例如：

（1）默认情况下，net.ipv4.tcp_retries1=3，该参数规定了建立 TCP 连接后，在向某个 IP 地址传递消极建议（如重新评估当前的 IP 路径）之前，愿意尝试重传数据报文的次数。

（2）默认情况下，net.ipv4.tcp_retries2=15，该参数规定了建立 TCP 连接后，在放弃当前的 TCP 连接之前，愿意尝试重传数据报文的次数。

（3）默认情况下，net.ipv4.tcp_syn_retries=6，该参数规定了重传 SYN=1 报文的次数，即重传第一报文握手的次数。

（4）默认情况下，net.ipv4.tcp_synack_retries=5，该参数规定了重传 SYN=1 且 ACK=1 报文的次数，即重传第二报文握手的次数。

（5）数据报文重传次数需要根据已经重传了多少时间来估算。例如，假设总的超时重传时间为 900s，12 次重传就消耗了 880s，则只需再重传一次或不重传（不同的操作系统在实现时略有不同）。

3. 几种报文的超时重传次数

（1）探测 SYN=1 且 ACK=1 报文的超时重传次数。

实验原理：客户端在收到第二报文握手之后，如果它不再向服务器发送 ACK=1 的第三报文握手，则会迫使服务器超时重传第二报文握手。要实现这样的效果，只需要在程序 4-3.py 中，将第 22 行注释掉即可（不发送第三报文握手）。程序 4-3.py 中修改的部分如下。

```
...
22:     # send(pkt_ip/pkt_ack)
...
```

首先在 IP 地址为 192.168.1.11 的主机（Linux 操作系统）中执行抓包命令（以下命令中第 1 行）并运行服务器程序 4-1.py（以下命令中的第 2 行），然后在 IP 地址为 192.168.1.10 的主机（Linux 操作系统）中运行程序 4-3.py（以下命令中的第 3 行）。

```
01: sudo tcpdump -i ens33 -w TCP_SA_Retrans.cap
02: sudo python3 4-1.py
03: sudo python3 4-3.py 192.168.1.10 192.168.11 58580 6161
```

重传了 5 次第二报文握手之后的抓包结果如图 4-9 所示，与实验环境的操作系统设置的默认参数一致。

No.	Time	Source	Destination	Protocol	Info
1	1676036198.179764	192.168.1.10	192.168.1.11	TCP	58580 → 6161 [SYN] Seq=0 Win=8192 Len=0
2	1676036198.180006	192.168.1.11	192.168.1.10	TCP	6161 → 58580 [SYN, ACK] Seq=0 Ack=1 Win=64240
3	1676036199.188238	192.168.1.11	192.168.1.10	TCP	[TCP Retransmission] 6161 → 58580 [SYN, ACK]
4	1676036201.204054	192.168.1.11	192.168.1.10	TCP	[TCP Retransmission] 6161 → 58580 [SYN, ACK]
5	1676036205.268897	192.168.1.11	192.168.1.10	TCP	[TCP Retransmission] 6161 → 58580 [SYN, ACK]
6	1676036213.458660	192.168.1.11	192.168.1.10	TCP	[TCP Retransmission] 6161 → 58580 [SYN, ACK]
7	1676036229.587359	192.168.1.11	192.168.1.10	TCP	[TCP Retransmission] 6161 → 58580 [SYN, ACK]

图 4-9　重传了 5 次第二报文握手之后的抓包结果

（2）探测数据报文的超时重传次数。

TCP 连接建立完成之后，服务器向客户端发送数据，由于客户端不存在，故永远不会向服务器发送确认报文，这种情况迫使服务器超时重传数据报文，以下实验分析了服务器重传数据报文的次数（注意，不同的操作系统在实现时略有差别）。

为了能让服务器在 TCP 连接建立完毕后首先向客户端发送数据，将程序 4-1.py 第 23 行的注释符号删除。

```
...
23: conn.send(bytes('hi', encoding='utf-8'))
...
```

首先在 IP 地址为 192.168.1.11 的主机（Linux 操作系统）中运行服务器程序 4-1.py（以下命令中的第 1 行），并执行抓包命令（以下命令中的第 2 行），然后在 IP 地址为 192.168.1.10 的主机中运行程序 4-3.py（以下命令中的第 3 行）。

```
01: sudo python3 4-1.py
02: sudo tcpdump -i ens33 -w TCP_Retran_Data.cap
03: sudo python3 4-3.py 192.168.1.10 192.168.1.11 58580 6161
```

重传了 15 次数据报文之后的抓包结果如图 4-10 所示。

序号 1～序号 3：建立了虚假的 TCP 连接（没有客户端），但服务器并不知情。

序号 4：服务器主动向客户端发送封装了数据"hi"的报文（程序 4-1.py 第 23 行代码的功能）。

序号 5：由于握手时间非常短暂（RTT 很小），服务器几乎立即超时重传数据报文（初始超时重传时间很短，约为 0.3s）。

序号 6～序号 19：全部是超时重传的数据报文，读者可以仔细观察每一个报文超时重传的时间。

```
No. Time              Source        Destination   Protocol Info
  1 1676038992.059469 192.168.1.10  192.168.1.11  TCP      58580 → 6161 [SYN] Seq=0 Win=8192 Len=0
  2 1676038992.059683 192.168.1.11  192.168.1.10  TCP      6161 → 58580 [SYN, ACK] Seq=0 Ack=1 Win=64240
  3 1676038992.112007 192.168.1.10  192.168.1.11  TCP      58580 → 6161 [ACK] Seq=1 Ack=1 Win=8192 Len=0
  4 1676038992.112498 192.168.1.11  192.168.1.10  TCP      6161 → 58580 [PSH, ACK] Seq=1 Ack=1 Win=64240
  5 1676038992.377937 192.168.1.11  192.168.1.10  TCP      [TCP Retransmission] 6161 → 58580 [PSH, ACK]
  6 1676038992.922318 192.168.1.11  192.168.1.10  TCP      [TCP Retransmission] 6161 → 58580 [PSH, ACK]
  7 1676038993.978458 192.168.1.11  192.168.1.10  TCP      [TCP Retransmission] 6161 → 58580 [PSH, ACK]
  8 1676038996.090329 192.168.1.11  192.168.1.10  TCP      [TCP Retransmission] 6161 → 58580 [PSH, ACK]
  9 1676039000.441371 192.168.1.11  192.168.1.10  TCP      [TCP Retransmission] 6161 → 58580 [PSH, ACK]
 10 1676039008.886392 192.168.1.11  192.168.1.10  TCP      [TCP Retransmission] 6161 → 58580 [PSH, ACK]
 11 1676039026.036575 192.168.1.11  192.168.1.10  TCP      [TCP Retransmission] 6161 → 58580 [PSH, ACK]
 12 1676039060.856390 192.168.1.11  192.168.1.10  TCP      [TCP Retransmission] 6161 → 58580 [PSH, ACK]
 13 1676039128.461888 192.168.1.11  192.168.1.10  TCP      [TCP Retransmission] 6161 → 58580 [PSH, ACK]
 14 1676039249.398509 192.168.1.11  192.168.1.10  TCP      [TCP Retransmission] 6161 → 58580 [PSH, ACK]
 15 1676039370.162238 192.168.1.11  192.168.1.10  TCP      [TCP Retransmission] 6161 → 58580 [PSH, ACK]
 16 1676039490.976981 192.168.1.11  192.168.1.10  TCP      [TCP Retransmission] 6161 → 58580 [PSH, ACK]
 17 1676039611.805613 192.168.1.11  192.168.1.10  TCP      [TCP Retransmission] 6161 → 58580 [PSH, ACK]
 18 1676039732.635815 192.168.1.11  192.168.1.10  TCP      [TCP Retransmission] 6161 → 58580 [PSH, ACK]
 19 1676039853.465961 192.168.1.11  192.168.1.10  TCP      [TCP Retransmission] 6161 → 58580 [PSH, ACK]
```

图 4-10　重传了 15 次数据报文之后的抓包结果

4. TCP 连接保活

当 TCP 连接的一端不发送任何数据或崩溃了，默认情况下 TCP 连接的另一端将在 2h 后开始发送第一个探测报文，如果一直未能收到对端的响应，则以 75s 为间隔继续发送 9 个探测报文，即一共发送 10 个探测报文，如果对端仍没有响应，则关闭 TCP 连接。

如果服务器中存在大量这种静止的 TCP 连接，将大大增加服务器的开销，从而影响服务器的性能，也使得网络的传输效率大大降低。因此，在服务器和客户端程序的设计中，需要对这种静止的 TCP 连接进行必要的限制。在 Linux 操作系统中，用三个文件来设置与 TCP 保活定时器相关的变量。

① 文件/proc/sys/net/ipv4/tcp_keepalive_time 定义保活时长，默认设置为 7200s。

② 文件/proc/sys/net/ipv4/tcp_keepalive_probes 定义重复探测次数，默认设置为 9 次。

③ 文件/proc/sys/net/ipv4/tcp_keepalive_intvl 定义探测时间间隔，默认设置为 75s。

在 Linux 操作系统中，可以用以下命令修改默认时间。例如，将保活时长改为 300s，以及将探测时间间隔改为 5s 的命令如下。

```
sudo sysctl -w net.ipv4.tcp_keepalive_time=300
sudo sysctl -w net.ipv4.tcp_keepalive_intvl=5
```

最后用 sudo sysctl -p 命令刷新更改参数。

（1）执行命令。

由于主机 192.168.1.10 是一台 Linux 虚拟机，因此它也可以访问网关（其实是通过宿主机的网卡去访问网关的），故只需要在宿主机上启动抓包程序即可。虚拟主机执行以下命令来探测目的主机 192.168.1.1 TCP 连接的保活措施，目的主机是一台网关设备。

```
python 4-3.py 192.168.1.8 192.168.1.1 58580 80
```

（2）抓包结果。

从图 4-11 所示的抓包结果可以看出，服务器的 TCP 保活时长远没有 2h，仅 1s 后就发送了第一个保活报文，之后每隔 1s 发送一个保活报文，在发送了第三个保活报文之后，服务器仍然没有收到客户端的响应，1s 之后发送了 RST 报文。当然，这也许是 80 端口的服务器程序（Web 服务器程序）所采取的措施。客户端浏览器在与 Web 服务器建立了 TCP 连接之后，应该立刻向服务器请求 Web 页面，而不是等待（参考应用层 HTTP），服务器收到请求后也会立即向客户端发送数据。由于 Web 服务器需要应对大量客户端的访问（如访问百度网页），因此 Web 服务器不可能长时间保留那些无数据传输的静止连接。

No.	Time	Source	Destination	Protocol	Info
1	1676429753.314068	192.168.1.10	192.168.1.1	TCP	58580 → 80 [SYN] Seq=0 Win=8192 L
2	1676429753.314549	192.168.1.1	192.168.1.10	TCP	80 → 58580 [SYN, ACK] Seq=0 Ack=1
3	1676429753.371242	192.168.1.10	192.168.1.1	TCP	58580 → 80 [ACK] Seq=1 Ack=1 Win=8
4	1676429754.364943	192.168.1.1	192.168.1.10	TCP	[TCP Keep-Alive] 80 → 58580 [ACK]
5	1676429755.364953	192.168.1.1	192.168.1.10	TCP	[TCP Keep-Alive] 80 → 58580 [ACK]
6	1676429756.364939	192.168.1.1	192.168.1.10	TCP	[TCP Keep-Alive] 80 → 58580 [ACK]
7	1676429757.364789	192.168.1.1	192.168.1.10	TCP	80 → 58580 [RST, ACK] Seq=1 Ack=1

图 4-11 保活报文

通过上述实验可以看出，TCP 有很多需要完善的地方，任何客户端向服务器发送一些不适宜的 TCP 报文，都会触发服务器产生一系列动作，从而消耗服务器的资源。

注意，不同的操作系统对建立 TCP 连接之后再无数据传输情况的处理方式不同（不一定发送保活报文）：有些操作系统会发送超时重传报文，最后发送 FIN 报文；有些操作系统会发送保活报文，最后发送 RST 报文；还有一些系统直接发送 FIN 报文，然后超时重传 FIN 报文。

另外，对于收到 0 窗口的通知，不同操作系统的处理方式也不相同，有的操作系统不一定发送非 0 窗口探测报文，而是以超时重传来进行探测。读者可以修改程序 4-3.py，在发送的第三报文握手（第 19 行代码）中加上 window=0（向服务器发送 0 窗口的通知）的设置，然后观察双方通信的抓包结果。

4.4　端口扫描程序

1. 概述

端口是基于软件的，用于标识特定的服务器程序或客户端程序，使得主机能够区别不同类型的数据流量。例如，DNS 服务器的数据流量位于端口 53，而 Web 服务器的数据流量位于端口 80，即服务器程序提供什么应用服务，就监听相应的端口。另外，常用的互联网服务器程序在运输层上采用了不同的协议，如 Web、E-mail 等采用了 TCP，而 DNS、DHCP 等采用了 UDP。

端口扫描用于快速查找主机中哪些端口是打开的，即哪些端口所对应的程序可以与外界进行通信。由于很多服务器程序存在漏洞，常被黑客利用进行攻击，因此作为网络管理者，需要关闭存在漏洞的服务器程序。对于学习者而言，仅仅能扫描自己管理的主机，不能扫描互联网上正在提供服务的服务器，否则如果这些扫描被认为是网络攻击行为，则需要承担法律责任。因此，被实施端口扫描的主机，应是自己全权管辖的主机。

2. UDP 扫描

UDP 扫描的原理是，程序向目的主机的目的端口发送 UDP 报文，根据主机的响应情况来判断目的端口是否开启。

如果目的主机返回端口不可达的 ICMP 差错报告报文（Type=3，Code=3），则说明目的端口没有开启。如果目的端口是开启的，则返回的结果取决于目的主机对扫描程序发送的空 UDP 报文的响应方式。一般情况下，主机不会响应空 UDP 报文。

（1）UDP 端口扫描的参考程序 4-4.py 如下。

```
01: # 4-4.py UDP 端口扫描程序
02: # sudo nmap -sU -p50-55 192.168.1.1 192.168.1.8
03:
04: from scapy.all import *
05:
06: timeout=1
07: def udp_scan(dst_ip, dst_port):
08:     '''主机端口扫描函数'''
09:     try:
10:         # 构造一个 UDP 报文，将其封装到 IP 分组中
11:         pkt_udp = IP(dst=dst_ip)/UDP(sport=RandShort(), dport=dst_port)
12:         # 发送 IP 分组给目的主机并接收返回的结果
13:         res = sr1(pkt_udp, timeout=timeout, verbose=0)
14:         # 无响应，端口可能开启（端口不可达消息被丢弃）
15:         if (res==None):
16:             # 不能访问的主机，端口全都是 Open|Unknown :(
17:             print('{}/UDP is Open|Unknown'.format(dst_port))
18:         elif res.haslayer(UDP):      # 收到 UDP 响应报文，端口开启
19:             print('{}/UDP is Open'.format(dst_port))
20:         elif res.haslayer(ICMP):     # 收到 ICMP 差错报告报文
21:             # 其他主机不可达的情况
22:             if (res.getlayer(ICMP).type)==3 and (int(res.getlayer(ICMP).type)== 3 and
```

```
23:                    int(res.getlayer(ICMP).code) in [1,2,9,10,13]):
24:                print('{}/UDP is Filtered'.format(dst_port))
25:                # 明确告知端口不可达，端口关闭
26:            elif (int(res.getlayer(ICMP).type)==3
27:                    and int(res.getlayer(ICMP).code)==3):
28:                print('{}/UDP is Closed'.format(dst_port))
29:     except Exception as e:
30:         print("Error:{}.".format(str(e)))
31:
32: def main():
33:     args =sys.argv
34:     if len(args)<4:      # 命令格式错误
35:         print("命令格式参考: python 4-4.py 192.168.1.1,192.168.1.8 50 55")
36:         exit(0)
37:     # 处理命令参数
38:     targets = str(args[1]).split(',')
39:     b_port = int(args[2])
40:     e_port = int(args[3])
41:
42:     for target in targets:      # 扫描每一台主机
43:         print('scaning {}: '.format(target))
44:         print('PORT    STATE')
45:         time.sleep(0.5)
46:         # 扫描每个端口
47:         for port in range(b_port, e_port+1):
48:             # 启动多线程扫描端口
49:             t=threading.Thread(target=udp_scan, args=(target, port))
50:             t.start()
51:             t.join()     # 等待一台主机扫描结束
52:         print('------ {} 扫描完成------'.format(target))
53:         time.sleep(0.5)
54:
55: if __name__ == '__main__':
56:     main()
```

第 7~30 行代码定义了扫描函数 udp_scan，在该函数中，首先构造一个 UDP 报文，其目的端口是需要扫描的端口，源端口是一个随机端口，并且将该 UDP 报文封装到 IP 分组中，其目的 IP 地址是需要扫描主机的 IP 地址，然后将 IP 分组发送给目的主机并接收目的主机的返回结果，最后根据返回结果来判断目的端口是否开启。

第 15~17 行代码：程序认为，主机没有收到响应报文，其端口可能是开启的。因为一些主机或防火墙会屏蔽发送的 ICMP 差错报告报文，在这种情况下，源主机不可能收到目的端口不可达的 ICMP 差错报告报文。例如，目的主机没有开启 49999 端口，目的主机在收到访问该端口的报文时，就会向源主机发送目的端口不可达的信息，但是如果该信息被防火墙丢弃了，则扫描程序不可能收到响应报文。在这种情况下，程序输出目的端口是"Open|Unknown"的。

第 18~19 行代码：如果主机收到的是 UDP 报文，即收到一个 UDP 响应报文，说明端口一定是开启的。一些交互式的 UDP 应用会响应客户端的正确请求，如 DNS、DHCP（分别使用端口 53 和端口 68）等。在这种情况下，程序输出目的端口是"Open"的。

第 22~28 行代码：如果主机收到的是目的端口不可达的 ICMP 差错报告报文，则需要根据具体情况加以区分：若 Type=3 且 Code=3，则主机明确告知端口是关闭的，程序输出目的端口是关闭的；若管理员限制了网络或主机对主机端口的请求等响应信息，在这种情况下，Type=3 而 Code 的取值范围更大（程序给出的范围是 1、2、9、10、13），程序输出目的端口是"Filtered"的。

需要注意的问题：非活动主机的端口全部都是"Open"或"Filtered"的（因为不可能有响应），因此，首先需要探测目的主机是否是活动主机。从以上分析中可以看出，程序 4-4.py 扫描端口的结果不是很准确。

（2）程序运行结果。

通过以下命令分别扫描目的主机 192.168.1.1 和 192.168.1.8 的 50~55 端口。

```
python 4-4.py 192.168.1.1,192.168.1.8 50 55
Scaning 192.168.1.1:
```

```
PORT    STATE
50/UDP is Closed
51/UDP is Closed
52/UDP is Closed
53/UDP is Open|Unknown
54/UDP is Closed
55/UDP is Closed
------ 192.168.1.1 扫描完成------
Scaning 192.168.1.8:
PORT    STATE
50/UDP is Closed
51/UDP is Closed
52/UDP is Closed
53/UDP is Closed
54/UDP is Closed
55/UDP is Closed
------ 192.168.1.8 扫描完成------
```

192.168.1.1 是网络中的网关，也是 DNS 服务器。读者可以使用扫描工具 nmap 进行扫描，观察运行结果，并与程序 4-4.py 的运行结果进行对比。

3. TCP 扫描

TCP 是面向连接的可靠的运输层协议，在通信之前，通信双方必须建立 TCP 连接，在收到对方发来的数据报文之后必须进行确认，数据传输完毕后，通信双方需要释放 TCP 连接。因此，TCP 扫描可以在建立 TCP 连接、数据传输和释放 TCP 连接的三个阶段来探测目的主机的端口是否开启。正是因为客户端可以向服务器发送各种各样的 TCP 报文段，因此 TCP 扫描的方式也是多种多样的，本实验主要介绍 TCP 连接扫描和 FIN 扫描。

（1）TCP 连接扫描。

客户端在采用某个端口向目的主机的某个端口 P 发送 SYN=1 报文（请求建立 TCP 连接的第一报文握手）之后，如果收到了目的主机返回的 SYN=1 且 ACK=1 响应报文（第二报文握手），则表明目的主机的端口 P 是开启的；如果收到目的主机返回的 RST=1 报文，则表明目的主机的端口 P 是关闭的。TCP 连接扫描原理如图 4-12 所示。

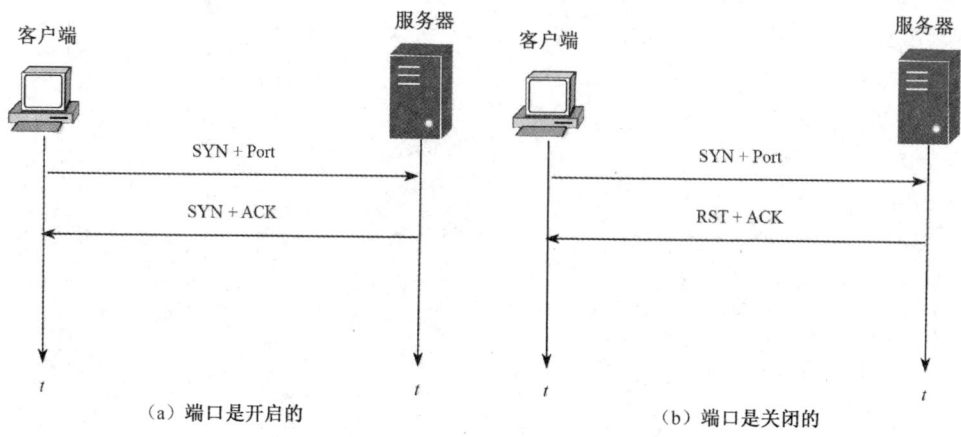

图 4-12　TCP 连接扫描原理

TCP 连接扫描的参考程序 4-5.py 如下。

```
01: # 4-5.py TCP 端口扫描程序：TCP 连接扫描
02: # sudo nmap -sT -p75-80 192.168.1.1 192.168.1.8
03:
04: from scapy.all import *
05:
06: timeout=1
07: def tcp_scan_conn(dst_ip, dst_port):
08:     '''主机端口扫描函数'''
09:     try:
10:         # 构造一个 SYN=1 的 TCP 报文，将其封装到 IP 分组中
11:         pkt_udp = IP(dst=dst_ip)/TCP(sport=64294, dport=dst_port, flags='S')
12:         # 发送 IP 分组给目的主机并接收返回的结果
13:         res = sr1(pkt_udp, timeout=timeout, verbose=0)
14:         if (res==None):
15:             # 不能访问的主机 :(
16:             print('{}/TCP is Closed'.format(dst_port))
17:         elif res.haslayer(TCP):
18:             # 收到 SYN=1 且 ACK=1 报文
```

```
19:            if(res.getlayer(TCP).flags == 'SA'):
20:                print('{}/TCP is Open'.format(dst_port))
21:            # 收到 RST=1 且 ACK=1 报文
22:            elif (res.getlayer(TCP).flags == 'RA'):
23:                print('{}/TCP is Closed'.format(dst_port))
24:    except Exception as e:
25:        print("Error:{}.".format(str(e)))
26:
27: def main():
28:     args =sys.argv
29:     if len(args)<4:       # 命令格式错误
30:         print("命令格式参考: python 4-5.py 192.168.1.1,192.168.1.875 80")
31:         exit(0)
32:     # 处理命令参数
33:     targets = str(args[1]).split(',')
34:     b_port = int(args[2])
35:     e_port = int(args[3])
36:
37:     for target in targets:      # 扫描每一台主机
38:         print('scaning {}: '.format(target))
39:         print('PORT    STATE')
40:         time.sleep(0.5)
41:         # 扫描每个端口
42:         for port in range(b_port, e_port+1):
43:             # 启动多线程扫描端口
44:             t=threading.Thread(target=tcp_scan_conn, args=(target,port))
45:             t.start()
46:             t.join()             # 等待一台主机扫描结束
47:         print('------ {} 扫描完成------'.format(target))
48:         time.sleep(0.5)
49:
50: if __name__ == '__main__':
51:     main()
```

第 14~16 行代码：如果没有收到任何响应，则目的主机处于关闭状态或失去网络连接。

第 18~20 行代码：收到 SYN=1 且 ACK=1 报文，目的端口是开启的。

第 22~23 行代码：收到 RST=1 且 ACK=1 报文，目的端口是关闭的。

注意，与程序 4-3.py 不同，本程序在收到 SYN=1 且 ACK=1 报文之后，没有发送 ACK=1 报文，该报文由操作系统发送。

程序运行结果如下。

```
python 4-5.py 192.168.1.1,192.168.1.8 75 80
scaning 192.168.1.1:
PORT    STATE
75/TCP is Closed
76/TCP is Closed
77/TCP is Closed
78/TCP is Closed
79/TCP is Closed
80/TCP is Open
------ 192.168.1.1 扫描完成------
scaning 192.168.1.8:
PORT    STATE
75/TCP is Closed
76/TCP is Closed
77/TCP is Closed
78/TCP is Closed
79/TCP is Closed
80/TCP is Closed
------ 192.168.1.8 扫描完成------
```

（2）FIN 扫描。

客户端向目的主机的端口 P 发送 FIN=1 报文，若客户端没有收到任何响应报文，则目的主机的端口 P 是开启的；若收到 RST=1 且 ACK=1 报文，则目的主机的端口 P 是关闭的；若收到 ICMP 差错报告报文，并且 ICMP 差错报告报文中 Type=3 且 Code 为 1、2、3、9、10 或 13，则说明服务器端口被防火墙过滤，其状态是不可发现的。FIN 扫描的函数如下。

```
01: def tcp_scan_fin(dst_ip, dst_port):
02:     '''主机端口扫描函数'''
03:     try:
04:         # 构造一个 FIN=1 的 TCP 报文封装到 IP 分组中
05:         pkt_udp = IP(dst=dst_ip)/TCP(sport=64294, dport=dst_port, flags='F')
06:         # 发送 IP 分组给目的主机并接收返回的结果
07:         res = sr1(pkt_udp, timeout=timeout, verbose=0)
08:         if (res==None):
09:             # 没有响应
10:             print('{}/TCP is Open|Filtered'.format(dst_port))
11:         elif res.haslayer(TCP):
12:             # 收到 RST=1 且 ACK=1 报文
13:             if(res.getlayer(TCP).flags == 'RA'):
14:                 print('{}/TCP is Closed'.format(dst_port))
15:             # 收到 ICMP 差错报告报文
16:             elif (res.haslayer(ICMP)):
17:                 if(int(res.getlayer(ICMP).type)==3 and
18:                     int(res.getlayer(ICMP).code) in [1,2,3,9,10,13]):
19:                     print('{}/TCP is Filtered'.format(dst_port))
20:     except Exception as e:
21:         print("Error:{}.".format(str(e)))
```

读者只要将该函数替换掉程序 4-5.py 中的函数 tcp_scan_conn，并将程序 4-5.py 中第 44 行代码中的"tcp_scan_conn"替换为"tcp_scan_fin"即可得到完整的 FIN 扫描程序。

（3）其他扫描方法。

除了上述两种方法，还有其他的 TCP 端口扫描方法。例如，NULL 扫描，即向服务器发送 Flag=''（空）报文；ACK 扫描，即向服务器发送 ACK=1 报文等，这些扫描方法请读者参考相关资料自行了解。

第 5 章 应用层实验

> **实验目的：**

掌握 Ubuntu 22.04 LTS 操作系统的安装方法。

掌握 DNS 的安装与配置方法。

掌握 DNS 端口程序的设计与实现方法。

掌握 Web 服务器的安装与配置方法。

掌握 FTP 服务器的安装与配置方法。

掌握 DNS 客户端程序的设计与实现方法。

5.1 在 VMware 虚拟机中安装 Ubuntu 22.04 LTS 操作系统

通过前面的学习，我们已经知道，Linux 操作系统非常适合用来提供互联网应用服务，因此，掌握 Linux 操作系统最基本的操作是计算机网络从业者的基本技能之一。目前，市面上有多种类型的 Linux 操作系统发行套件，这些套件有些是桌面版，类似于 Windows 操作系统桌面版，它提供了图形用户界面（可以不另外安装图形用户界面），主要的使用者是普通的个人用户；有些是服务器版，主要用于提供互联网应用服务且通常不安装图形用户界面（也可以安装），管理这些服务器通常采用远程登录方式。

本章的实验任务是在 Vmware 虚拟机中安装 Ubuntu 22.04 LTS 操作系统，以便在 Linux 操作系统中搭建各种互联网应用服务，如 WWW 服务、DNS 服务及 FTP 服务等。

（1）参考相关资料下载并安装 VMware Workstation 软件或 VMware Fusion 软件。本书使用 VMware Fusion 软件。

(2)在 VMware 软件中创建虚拟机（虚拟硬件）。

(3)在虚拟机（硬件）中安装 Linux 操作系统，可以下载 Linux 安装包直接安装，也可以直接导入已有的 Linux 虚拟机（可以下载得到，免去安装过程）。本书使用 Ubuntu Server 22.04 虚拟机（文件名是 UbuntuServer_22.04_VM.7z）。

(4)掌握从宿主机通过远程登录工具（如 Putty）登录虚拟机的方法。

以下实验均是通过远程登录的方式进行管理和配置的。

5.2 安装配置 DNS

在 Linux 操作系统中，由 BIND（Berkeley Internet Name Domain）软件提供 DNS 服务，BIND 是一款开源的 DNS 服务器软件，该软件早期是由加州大学伯克利分校开发和维护的，目前由互联网系统协会（Internet Systems Consortium，ISC）负责开发和维护。BIND 是互联网中最主流的开源 DNS 服务器软件，占据市面上 DNS 服务器软件约 90%的份额。BIND9 软件支持多种类型的 Linux 发行套件，如 Debian、CentOS、Fedora 和 Ubuntu 等。

本节实验任务是在 Linux 操作系统中配置 DNS 服务，该 DNS 管理的域是 phei.com.cn。安装环境是 5.1 节中安装的 Linux 虚拟机（Ubuntu Server 22.04），该虚拟机的用户名为 ubuntu，密码为 ubuntu。

1. 下载并安装 BIND9 软件

(1)源码安装。

如果采用源码安装，需要到官网下载 BIND 源程序。在 Linux 操作系统中，源码安装较为复杂，不建议采用这种安装方法。

(2)apt-get 安装。

apt-get 是 Ubuntu 操作系统中管理软件包的工具，可以用来安装和卸载软件包，还可以升级软件包。在 Linux 操作系统中执行以下命令即可安装 BIND9 软件。

```
sudo apt-get install bind9
```

2. 配置 DNS

Linux 操作系统被称为"文本驱动的操作系统",即 Linux 操作系统都是通过文本文件来配置和管理软件的各种特性的,这种管理方法使管理者能够更好地理解这些特性。BIND9 软件运行所需的相关配置文件被保存在"/etc/bind"目录中,其中最主要的几个配置文件分别是主配置文件(named.conf)、选项文件(named.conf.options)、指定区域文件名的文件(named.conf.default-zones)、正向解析文件(db.phei.com.cn2ip,域名到 IP 地址的解析文件)和反向解析文件(db.ip2phei.com.cn,IP 地址到域名的解析文件)。对于配置域 phei.com.cn 中的域名解析,也是通过配置这几个文件来实现的。图 5-1 所示为 BIND9 软件中部分文件的组织结构图。

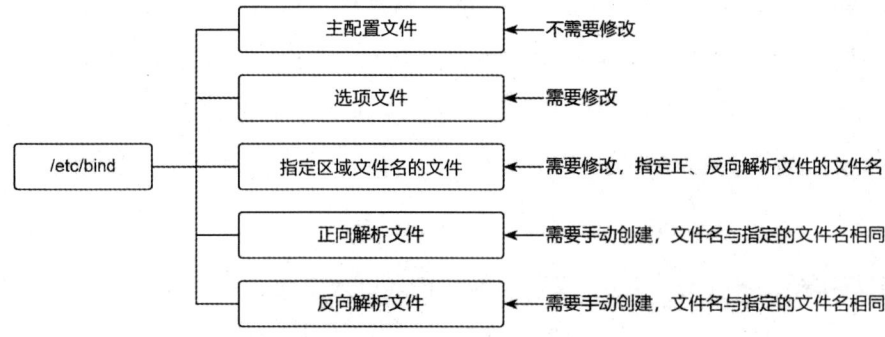

图 5-1 BIND9 软件中部分文件的组织结构图

(1)主配置文件。

主配置文件是 BIND 主进程 named 启动时需要使用的一个文件,文件内容如下。

```
01: ubuntu@ubuntuserver2204:/etc/bind$ more named.conf
02: ...
03: include "/etc/bind/named.conf.options";
04: include "/etc/bind/named.conf.local";
05: include "/etc/bind/named.conf.default-zones";
```

可以看出,主配置文件 name.conf 引用了 DNS 解析所需要的默认配置文件,其中，选项文件 named.conf.local（本实验中无须更改）和 named.conf.options 是 DNS 的两个核心文件，在这两个文件中配置了 DNS 的基础服务。指定区域文件名的文件 named.conf.default-zones 中最重要的内容是用区域（Zone）来指明本地域名解析所需要的正向解析文件和反向解析文件。默认情况下，DNS 使用 UDP 且监听端口 53（IPv4），这些信息需要在文件 named.conf.options 中加以指定。

(2) 选项文件。

修改后的选项文件的内容如下。

```
01: ubuntu@ubuntuserver2204:/etc/bind$ more named.conf.options
02: options {
03:         directory "/var/cache/bind";
04:         ...
05:         forwarders {
06:                 8.8.8.8;
07:                 8.8.4.4;
08:                 233.5.5.5;
09:                 233.6.6.6;
10:         };
11:         ...
12:         dnssec-validation auto;
13:
14:         listen-on port 53 { any; };
15:         allow-query { any; };
16:         listen-on-v6 { any; };
17: };
```

第 6~9 行代码需要手动修改，用来设置 DNS 转发器，当本 DNS 服务器不能解析域名时，交由 DNS 转发器中指定的域名服务器进行解析。

第 14~15 行代码需要手动添加，即让 DNS 监听端口 53 并允许所有的主机查询。

(3) 指定区域文件名的文件。

区域文件是指保存资源记录（Resource Record，RR）信息的文件，区域文件又被分为正向解析文件和反向解析文件,这两个文件是在文件 named.conf.default-zones 中被指定的,即指定正向解析使用的文件和反向解析使用的文件,这两个文件需要手动创建。文件 named.conf.default-zones 中的部分内容如下,其中最后的两个"zone"分别指定了这两个文件。

```
01: ubuntu@ubuntuserver2204:/etc/bind$ more named.conf.default-zones
02: // prime the server with knowledge of the root servers
03: zone "." {
04:        type hint;
05:        file "/usr/share/dns/root.hints";
06: };
07: ...
08: zone "localhost" {
09:        type master;
10:        file "/etc/bind/db.local";
11: };
12:
13: zone "127.in-addr.arpa" {
14:        type master;
15:        file "/etc/bind/db.127";
16: };
17:
18: zone "0.in-addr.arpa" {
19:        type master;
20:        file "/etc/bind/db.0";
21: };
22:
23: zone "255.in-addr.arpa" {
24:        type master;
25:        file "/etc/bind/db.255";
26: };
27:
28: zone "phei.com.cn" {
29:        type master;
30:        file "/etc/bind/db.phei.com.cn2ip";
```

```
31: };
32:
33: zone "1.168.192.in-addr.arpa" {
34:      type master;
35:      file "/etc/bind/db.ip2phei.com.cn";
36: };
```

第 28~31 行代码指定了域 phei.com.cn 正向解析的区域文件 db.phei.com.cn2ip，该文件需要手动创建。

第 33~36 行代码指定了域 phei.com.cn 反向解析的区域文件 db.ip2phei.com.cn，该文件也需要手动创建。由于在域 phei.com.cn 中规划使用的网络是 192.168.1.0/24，故反向解析的域为 1.168.192.in-addr.arpa。

（4）正向解析文件。

在/etc/bind 目录下创建文件 db.phei.com.cn2ip。该文件的格式与 BIND9 软件提供的文件 db.local 的格式是一致的，因此，可以先用命令"sudo cp db.local db.phei.com.cn2ip"在/etc/bind 目录下生成一个文件 db.phei.com.cn2ip，再用命令"sudo vim db.phei.com.cn2ip"来修改该文件，在其中添加资源记录。有关 vim 的基本操作请参考相关资料。

```
ubuntu@ubuntuserver2204:/etc/bind$ sudo cp db.local db.phei.com.cn2ip
ubuntu@ubuntuserver2204:/etc/bind$ sudo vim db.phei.com.cn2ip
```

在本实验中，编辑之后的正向解析文件内容如下。

```
01: ubuntu@ubuntuserver2204:/etc/bind$ more db.phei.com.cn2ip
02: ;
03: ; BIND data file for local phei.com.cn
04: ;
05: $TTL    604800
06: @    IN    SOA    dns1.phei.com.cn root.phei.com.cn (
07:                    2            ; Serial
08:                    604800       ; Refresh
09:                    86400        ; Retry
10:                    2419200      ; Expire
11:                    604800 )     ; Negative Cache TTL
```

```
12: ;
13: @        IN     NS      dns1
14:          IN     NS      dns2
15:          IN     MX      10      mail1
16:          IN     MX      20      mail2
17:          IN     HINFO   "6-core Intel Core i6"  "macOS Catalina"
18:          IN     TXT     "Welcome to My doman server."
19: ftp      IN     CNAME   server
20: www      IN     CNAME   server
21: dns1     IN     A       192.168.1.9
22: dns2     IN     A       192.168.1.10
23: mail1    IN     A       192.168.1.9
24: mail2    IN     A       192.168.1.10
25: server   IN     A       192.168.1.9
```

在区域文件中，符号";"表示注释，符号"@"表示当前区域phei.com.cn。

第6~11行代码：起始授权（Start Of Authority，SOA）部分。

第13~25行代码：资源记录部分。注意，第13行第1列的符号"@"表示phei.com.cn区域，其后第14~18行的第1列为空，也表示phei.com.cn区域（省略了符号@）。

（5）反向解析文件。

编辑反向解析文件的方法与编辑正向解析文件类似，首先复制BIND9软件提供的文件db.127生成文件db.ip2phei.com.cn，然后用vim命令修改该文件。在本实验中，编辑之后的反向解析文件内容如下。

```
01: ubuntu@ubuntuserver2204:/etc/bind$ more db.ip2phei.com.cn
02: ;
03: ; BIND data file for local 192.168.1.0 net
04: ;
05: $TTL    604800
06: @       IN     SOA     dns1.phei.com.cn. root.phei.com.cn. (
07:                             2              ; Serial
08:                        604800              ; Refresh
09:                         86400              ; Retry
10:                       2419200              ; Expire
```

```
11:                    604800 )              ; Negative Cache TTL
12: ;
13: @           IN      NS      dns1.phei.com.cn.
14: @           IN      NS      dns2.phei.com.cn.
15: dns1        IN      A       192.168.1.9
16: dns2        IN      A       192.168.1.10
17: 9           IN      PTR     dns1.phei.com.cn.
18: 10          IN      PTR     dns2.phei.com.cn.
19: 9           IN      PTR     www.phei.com.cn.
20: 9           IN      PTR     ftp.phei.com.cn.
21: 9           IN      PTR     mail1.phei.com.cn.
22: 10          IN      PTR     mail2.phei.com.cn.
```

编辑该文件时，需要特别注意的是，域名的最后有一个 ".", 表示根域。

3. 配置文件排错及 DNS 服务启动

如果编辑的上述的文件中存在一些错误，则 BIND 进程无法启动或无法完成解析，BIND9 软件提供了检查配置文件是否存在错误的命令 named-checkconf 和 named-checkzone，前者用于检查配置文件的正确性，后者用于检查区域文件的正确性。

（1）检查配置文件是否存在错误的命令如下。

```
ubuntu@ubuntuserver2204:/etc/bind$ named-checkconf -z named.conf
zone localhost/IN: loaded serial 2
zone 127.in-addr.arpa/IN: loaded serial 1
zone 0.in-addr.arpa/IN: loaded serial 1
zone 255.in-addr.arpa/IN: loaded serial 1
zone phei.com.cn/IN: loaded serial 2
zone 1.168.192.in-addr.arpa/IN: loaded serial 2
```

（2）检查区域文件是否存在错误的命令如下。

```
ubuntu@ubuntuserver2204:/etc/bind$ named-checkzone phei.com.cn db.phei.com.cn2ip
zone phei.com.cn/IN: loaded serial 2
OK
ubuntu@ubuntuserver2204:/etc/bind$ named-checkzone phei.com.cn
```

```
db.ip2phei.com.cn
zone phei.com.cn/IN: loaded serial 2
OK
```

(3) 重新启动 BIND 进程。

当以上配置文件和区域文件全部正确无误时，则可重新启动 BIND 进程。

```
systemctl restart bind9
```

4. 验证 DNS 服务

(1) 查询域 phei.com.cn 中的域名服务器。从上述配置文件中不难看出管理域 phei.com.cn 的权威域名服务器的 IP 地址是 192.168.1.9。

```
ubuntu@ubuntuserver2204:~$ dig @192.168.1.9 phei.com.cn ns +noall +answer
phei.com.cn.          604800    IN      NS       dns2.phei.com.cn.
phei.com.cn.          604800    IN      NS       dns1.phei.com.cn.
```

(2) 查询域 phei.com.cn 中的邮件服务器。

```
ubuntu@ubuntuserver2204:~$ dig @192.168.1.9 phei.com.cn mx +noall +answer
phei.com.cn.          604800    IN      MX       20 mail2.phei.com.cn.
phei.com.cn.          604800    IN      MX       10 mail1.phei.com.cn.
```

(3) 解析域名 www.phei.com.cn。

```
ubuntu@ubuntuserver2204:~$ dig @192.168.1.9 www.phei.com.cn a +noall +answer
www.phei.com.cn.      604800    IN      CNAME    server.phei.com.cn.
server.phei.com.cn.   604800    IN      A        192.168.1.9
```

(4) 解析域名 ftp.phei.com.cn。

```
ubuntu@ubuntuserver2204:~$ dig @192.168.1.9 ftp.phei.com.cn a +noall +answer
ftp.phei.com.cn.      604800    IN      CNAME    server.phei.com.cn.
server.phei.com.cn.   604800    IN      A        192.168.1.9
```

(5) 查询域 phei.com.cn 中的一些信息。

```
ubuntu@ubuntuserver2204:~$ dig @192.168.1.9 phei.com.cn txt +noall +answer
phei.com.cn.          604800    IN      TXT      "Welcome to My doman server."
```

(6) 查询域名服务器中的硬件信息。

```
ubuntu@ubuntuserver2204:~$ dig @192.168.1.9 phei.com.cn hinfo +noall +answer
```

```
phei.com.cn.    604800  IN    HINFO    "6-core Intel Core i6" "macOS Catalina"
```

（7）反向解析 192.168.1.9。

```
ubuntu@ubuntuserver2204:~$ dig @192.168.1.9 -x 192.168.1.9 +noall +answer
9.1.168.192.in-addr.arpa.    604800  IN    PTR    ftp.phei.com.cn.
9.1.168.192.in-addr.arpa.    604800  IN    PTR    mail1.phei.com.cn.
9.1.168.192.in-addr.arpa.    604800  IN    PTR    dns1.phei.com.cn.
9.1.168.192.in-addr.arpa.    604800  IN    PTR    www.phei.com.cn.
```

（8）反向解析 192.168.1.10。

```
ubuntu@ubuntuserver2204:~$ dig @192.168.1.9 -x 192.168.1.10 +noall +answer
10.1.168.192.in-addr.arpa.   604800  IN    PTR    mail2.phei.com.cn.
10.1.168.192.in-addr.arpa.   604800  IN    PTR    dns2.phei.com.cn.
```

5. 权威回答与非权威回答

通过查询域名 www.phei.com.cn 和百度的域名来理解权威回答（Authoritative Answer）与非权威回答（Non-Authoritative Answer）。由于域名 www.phei.com.cn 在本域名服务器所管辖的域中，域名服务器可以直接回答，所以域名服务器的回答是权威回答。由于百度的域名不在本域名服务器所管辖的域中，需要向其他域名服务器询问得到，所以域名服务器的回答是非权威回答。

```
01: ubuntu@ubuntuserver2204:~$ nslookup
02: > server 192.168.1.9
03: Default server: 192.168.1.9
04: Address: 192.168.1.9#53
05: > www.phei.com.cn
06: Server:        192.168.1.9
07: Address:       192.168.1.6#53
08:
09: www.phei.com.cn    canonical name = server.phei.com.cn.
10: Name:  server.phei.com.cn
11: Address: 192.168.1.9
12: > www.b***u.com
13: Server:        192.168.1.9
14: Address:       192.168.1.9#53
```

```
15:
16: ** server can't find www.b***u.com: SERVFAIL
17: > www.b***u.com
18: Server:          192.168.1.9
19: Address:         192.168.1.6#53
20:
21: Non-authoritative answer:
22: www.b***u.com    canonical name = www.a.s***n.com.①
23: Name:    www.a.s***n.com
24: Address: 14.119.104.189
25: Name:    www.a.s***n.com
```

第 21 行代码：查询百度的域名时，本域名服务器给出的是非权威回答。

另外，读者可以通过抓包来获取 DNS 协议的运作过程，分析理解 DNS 协议。

5.3 安装配置 Web 服务

对公司（或单位）而言，建立自己的官方 Web 服务是一项非常重要的工作，通过搭建自己的 Web 服务，不但使公司具有更加方便的对外宣传窗口，而且公司也可使用基于 Web 的 OA 系统和配置基于 Web 的电子邮件系统等。目前，全球已有超过 1 亿个活动 Web 站点。

在互联网中，用于架设 Web 站点的服务器软件有很多，如 Apache、Nginx 和 IIS 等。截止到 2024 年 7 月，Nginx 软件以约 20.71%的占比排名第一，而 Apache 软件以约 18.93%的占比排名第三（历史上曾占比约 70%）。

Apache 软件来源于 NCSAhttpd，在经过多次修改之后，它成为互联网中最为流行的 Web 服务器软件之一。Apache 是一款开源软件，这使得世界上任何有能力的人都能够为它不断地开发新功能，不断地增加各种新的特性，不断地完善其

---

①：读者可以自行查看程序运行结果。

存在的问题。因此，常有人说 Apache 取自"a patchy server"，即充满补丁的服务器。简单、高效、速度快及性能稳定是 Apache 软件的几个重要特点。Apache 软件可在其官网直接下载安装。

本实验的任务：使用 Apache2 软件来架设公司的默认 Web 站点及其他站点，并简单分析 Apache2 软件的一些安全配置问题。

1. 在 Linux 虚拟机中安装 Apache2 软件

我们仍在 Linux 虚拟机中安装 Apache2 软件。和安装 BIND9 软件类似，使用 Linux 虚拟机提供的管理软件包的工具进行安装。注意，Linux 虚拟机的 IP 地址是 192.168.1.9，并且已经启用了 DNS 服务。

（1）安装 Apache2 软件。

```
ubuntu@ubuntuserver2204:~$ sudo apt-get install apache2
```

查看 Apache2 软件的运行状态。

```
ubuntu@ubuntuserver2204:~$ sudo systemctl status apache2
● apache2.service - The Apache HTTP Server
     Loaded: loaded (/lib/systemd/system/apache2.service; enabled; vendor preset: enabled)
     Active: active (running) since Sat 2023-03-25 11:52:26 UTC; 51s ago
       Docs: https://httpd.a***e.org/docs/2.4/
   Main PID: 2006 (apache2)
      Tasks: 55 (limit: 4531)
     Memory: 4.9M
        CPU: 30ms
     CGroup: /system.slice/apache2.service
             ├─2006 /usr/sbin/apache2 -k start
             ├─2007 /usr/sbin/apache2 -k start
             └─2008 /usr/sbin/apache2 -k start

Mar 25 11:52:26 ubuntuserver2204 systemd[1]: Starting The Apache HTTP Server...
Mar 25 11:52:26 ubuntuserver2204 apachectl[2004]: AH00558: apache2: Could not reliably determine the server's >
```

```
Mar 25 11:52:26 ubuntuserver2204 systemd[1]: Started The Apache HTTP
Server.
```

从上述输出的信息中可以看出，Apache2 软件已经被正确安装且已正常启动。

（2）访问默认站点。

Apache2 软件在被正确安装后，便提供了一个默认的站点。我们将宿主机中的 DNS 服务器指定为 5.1 节的 Linux 虚拟机（IP 地址为 192.168.1.9），然后在宿主机的浏览器地址栏中输入 http://192.168.1.9（如果没有配置 DNS 服务器，则输入 Linux 虚拟机的 IP 地址），若浏览器中显示图 5-2 所示的默认页面（部分截图），则说明 Apache2 软件的默认站点已被正确启用。

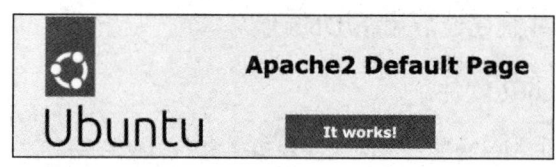

图 5-2　Apache2 软件提供的默认页面

2. Apache2 软件的文件结构

默认情况下，在 Apache2 软件中运行的所有 Web 站点的页面都存放于 /var/www 目录下。例如，Apache2 软件的默认站点的页面存放于/var/www/html 目录下，默认页面的名称为 index.html。

Apache2 软件的配置文件结构如下（注意，可能需要安装 tree 工具）。

```
01: ubuntu@ubuntuserver2204:/etc/apache2$ tree
02: .
03: ├── apache2.conf            # 全局配置文件
04: ├── conf-available          # 可用的配置文件
05: ├── conf-enabled            # 已经启用的配置文件
06: ├── envvars                 # 环境变量
07: ├── magic
08: ├── mods-available          # 已安装的模块
09: │   ├── dir.conf
10: ├── mods-enabled            # 已启用的模块
11: ├── ports.conf              # HTTP 监听端口
```

```
12: ├── sites-available              # 可用的站点
13: │    ├── 000-default.conf
14: │    └── default-ssl.conf
15: └── sites-enabled                 # 已启用的站点，是可用站点的软链接
16:      └── 000-default.conf -> ../sites-available/000-default.conf
```

在 Apache2 软件启动时，全局配置文件 apache2.conf 被自动读取，其他的具有不同功能的配置选项被分配到了不同的配置文件中。例如，文件 port.conf 中配置了 Apache2 软件监听的端口，而 sites-enabled 目录中保存了已启用的站点的配置文件（说明 Apache2 软件可支持多个 Web 站点）。这些具有不同功能的配置文件，被 apache2.conf 文件通过 include 命令加载到自己的配置文件中，这种按功能分配配置文件的方式更加清晰且易于管理。

在上述文件结构中，第 12～16 行代码是与 Web 站点相关的配置文件，当前 Apache2 软件中只定义了一个默认站点，其配置文件是 000-default.conf。注意，sites-available 目录下的是真正的配置文件，而 sites-enabled 目录下的是文件 000-default.conf 的软链接。

（1）配置文件 apache2.conf 的部分内容如下。

```
01: Timeout 300
02: KeepAlive On
03: MaxKeepAliveRequests 100
04: KeepAliveTimeout 5
05: <Directory /var/www/>
06:         Options Indexes FollowSymLinks
07:         AllowOverride None
08:         Require all granted
09: </Directory>
10: IncludeOptional mods-enabled/*.load
11: IncludeOptional mods-enabled/*.conf
12: Include ports.conf
13: IncludeOptional conf-enabled/*.conf
14: IncludeOptional sites-enabled/*.conf
```

第 1～4 行代码是和 TCP 连接有关的参数。

Timeout 300：请求超时时间是 300s。

KeepAlive On：启用持续连接。

MaxKeepAliveRequests 100：一个持续连接上可请求对象的最大数量是 100 个。

KeepAliveTimeout 5：两个持续连接的间隔时间是 5s，即在前一个持续连接被关闭 5s 后才能再次建立一个新的持续连接。

第 5～9 行代码设置了 Web 站点的目录属性。

第 10～14 行代码加载其他配置文件，其中第 14 行代码用于加载已启用的 Web 站点。

（2）配置文件 ports.conf 的内容。

该配置文件用于指定 Web 站点使用的端口。

```
01: ubuntu@ubuntuserver2204:/etc/apache2$ more ports.conf
02:
03: Listen 80
04:
05: <IfModule ssl_module>
06:         Listen 443
07: </IfModule>
08:
09: <IfModule mod_gnutls.c>
10:         Listen 443
11: </IfModule>
```

在该配置文件中，管理员可以增加监听端口，实现以单一 IP 地址、多端口的方式在 Apache2 软件中建立多个 Web 站点。

（3）配置文件 dir.conf 的内容。

该配置文件用于设置默认的 Web 站点首页，即在 URL（统一资源定位符）中没有指定访问的具体对象时，哪些默认对象可以返回给客户端。

```
01: ubuntu@ubuntuserver2204:/etc/apache2/mods-available$ more dir.conf
02: <IfModule mod_dir.c>
03:      DirectoryIndex index.html index.cgi index.pl index.php index.xhtml index.htm
04: </IfModule>
```

在该文件中，管理员可以指定多个文件作为默认页面返回给客户端，若排在前面的文件不存在，则依次向后查找文件。如果 Web 站点的根目录下没有配置文件 dir.conf 中指定的默认文件，那么 Web 服务器如何响应客户端没有指定具体访问对象的请求呢？有关这方面的内容，请参考后面"Apache2 软件的一些安全性配置"的相关内容。

（4）配置文件 000-default.conf 的内容。

这是 Apache2 软件被安装之后提供的一个默认站点的配置文件，其内容如下。

```
01: ubuntu@ubuntuserver2204:/etc/apache2/sites-available$ more 000-default.conf
02: <VirtualHost *:80>
03:         ...
04:         ServerAdmin webmaster@localhost
05:         DocumentRoot /var/www/html
06:         ...
07:
08:         ErrorLog ${APACHE_LOG_DIR}/error.log
09:         CustomLog ${APACHE_LOG_DIR}/access.log combined
10:
11: </VirtualHost>
```

在 Apache2 软件中，Web 站点是以虚拟机的形式定义的，上述文件中指定了默认站点的监听端口为 80，如果需要更改监听端口为 8080，则将第 2 行代码中的"80"更改为"8080"即可，同时，还需要在配置文件 ports.conf 中增加一行代码：Listen 8080。第 5 行代码还指明了默认站点的页面的存储位置是/var/www/html。

3. 创建公司首页

通过上述分析可以知道，要创建公司官网，只需要在/var/www/html 目录下放入公司官网站点的页面即可。假设公司官网站点只有一个首页，则只需要创建一个在配置文件 dir.conf 中指定的文件即可。由于/var/www/html 目录下已经有了 Apache2 软件创建的图 5-2 所示的首页（index.html），因此，首先需要将该首页文件删除或更名，本实验将其更名为 index.html.before。

```
ubuntu@ubuntuserver2204:/var/www/html$ sudo mv index.html
index.html.before
```

然后用 sudo vim index.html 命令创建一个简单的公司官网站点的首页（也可以在本地创建，然后上传到服务器中）。该文件的内容如下（参考 HTML 语言）。

```
ubuntu@ubuntuserver2204:/var/www/html$ more index.html
<!DOCTYPE html>
<html>
  <head>
    <meta charset="utf-8" />
    <title>XXX 公司官网</title>
    <style>
      .center-box{
        text-align: center;
      }
      .baincheng-sp{
        display: inline-block;
        width: 500px;
      }
    </style>
  </head>
  <body>
    <div class="center-box">
      <span class="baincheng-sp">
          <p>欢迎光临本公司</p>
          <p>网页正在开发中</p>
      </span>
    </div>
  </body>
</html>
```

从浏览器中访问 www.phei.com.cn，浏览器的显示结果如图 5-3 所示。

图 5-3　浏览器的显示结果

4. 创建公司的文件下载站点

公司需要创建一个文件下载站点，供所有员工下载文件，我们可以用以下方法创建一个公司文件下载的 Web 站点。

（1）在/etc/apache2/sites-available 目录下，增加一个用于文件下载站点的配置文件 001-download.conf，该文件的内容可在默认站点的配置文件的基础上进行修改。在/etc/apache2/sites-available 目录下，首先执行以下命令。

```
sudo cp 000-default.conf 001-download.conf
```

然后用 sudo vim 001-download.conf 命令编辑该文件，最终该文件的内容如下。

```
01: <VirtualHost *:80>
02:
03:         ...
04:         ServerAdmin webmaster@localhost
05:         ServerName ftp.phei.com.cn
06:         DocumentRoot /var/www/download
07:         ...
08:         ErrorLog ${APACHE_LOG_DIR}/error.log
09:         CustomLog ${APACHE_LOG_DIR}/access.log combined
10:
11: </VirtualHost>
```

第 1 行代码指定了文件下载站点仍使用端口 80。

第 5 行代码指定了文件下载站点的域名，通过该域名就能访问该站点（需要完成 5.2 节的实验）。

第 6 行代码指定了文件下载站点的页面存放的目录是/var/www/download，为此需要在/var/www 目录下创建目录 download。

```
ubuntu@ubuntuserver2204:/var/www$ sudo mkdir download
```

（2）在 sites-enabled 目录下创建软链接。

```
sudo ln -s /etc/apache2/sites-available/001-download.conf /etc/apache2/sites-enabled/
```

（3）在/var/www/download 目录下创建文件下载站点的首页文件，该文件的文件名也是 index.html（可以用 vim 命令创建）。

（4）重新启动 Apache2 软件。

```
sudo systemctl restart apache2
```

在浏览器的地址栏中输入 ftp.phei.com.cn 来访问公司的软件下载站点，结果如图 5-4 所示。

图 5-4　公司软件下载首页

通过上述实验我们了解到，Apache2 软件可以基于域名为多个站点提供页面访问服务。事实上，Apache2 软件还可以基于不同的端口提供类似的服务，读者可参考相关资料进行配置与管理。

5. Apache2 软件的一些安全性配置

对于站点的访问，Apache2 软件提供了多种安全措施，如限制某些 IP 地址不能访问站点，访问某些站点需要认证，不允许列出站点目录下的文件，等等。

我们以不允许列出站点目录下的文件来进行说明。对于前面的公司官网站点，如果该站点目录下没有配置文件 dir.conf 中指定的默认首页文件，那么访问该站点时会出现什么情况呢？

（1）更改站点的首页文件名。

```
ubuntu@ubuntuserver2204:/var/www/html$ sudo mv index.html index.html.tmp
```

站点的首页文件更名之后，站点目录下没有配置文件 dir.conf 指定的默认首页文件，此时如果从浏览器访问公司官网，则会出现如图 5-5 所示的结果。

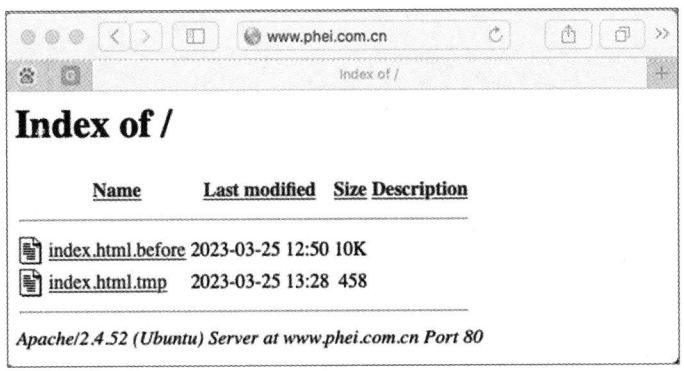

图 5-5　浏览器列出了公司官网站点下的所有文件

由图 5-5 可以看出，浏览器将公司官网站点下的所有文件全部列出，让客户自己选择浏览，这显然是不安全的。在 Apache2 软件中，将这种列出站点目录下的文件的功能关闭之后，就不会出现这种问题了。

（2）修改 apache2.conf 配置文件。

用 vim 命令修改 apache2.conf 配置文件，将以下原始内容中的"Indexes"删除即可。

① 原始内容如下。

```
<Directory /var/www/>
        Options Indexes FollowSymLinks
        AllowOverride None
        Require all granted
</Directory>
```

② 更改后的内容如下。

```
<Directory /var/www/>
        Options FollowSymLinks
        AllowOverride None
        Require all granted
</Directory>
```

重新启动 Apache2 软件，再次访问没有 dir.conf 配置文件指定的默认首页文件的公司官网站点，则会出现如图 5-6 所示的结果。

```
ubuntu@ubuntuserver2204:/etc/apache2$ systemctl restart apache2
```

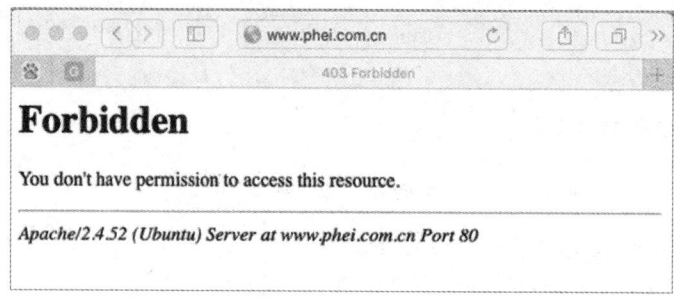

图 5-6　站点禁止访问

从图 5-6 中可以看到，在没有默认首页文件的情况下，公司官网站点的访问被禁止了（报 Forbidden 错误），页面中显示信息"You don't have permission to access this resource."。

（3）修改站点监听端口。

当不想让客户以默认端口 80 访问公司官网站点时，可以更改站点使用的端口，如更改为端口 8080，此时需要修改以下两个配置文件中的内容。

在文件/etc/apache2/ports.conf 中增加一行代码"Listen 8080"。

在文件 sites-enabled/000-default.conf 中，将代码"<VirtualHost *:80>"中的"80"更改为"8080"。

重新启动 Apache 2 软件（sudo systemctl restart apache2）。

此时，若要正常访问公司官网，则需要输入"www.phei.com.cn:8080"或"服务器的 IP 地址:8080"，显示结果如图 5-7 所示。

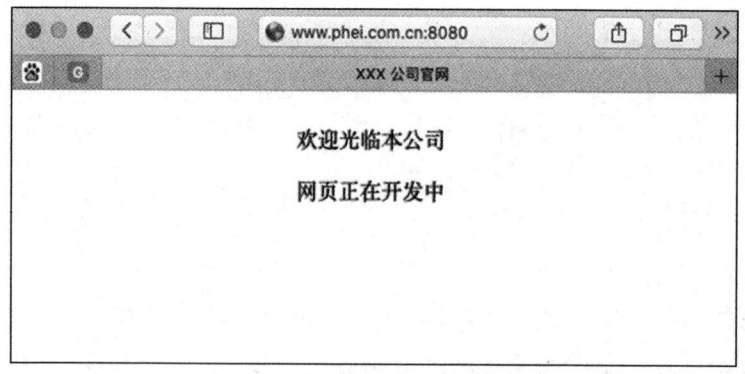

图 5-7　公司官网站点使用端口 8080 时的访问方法

5.4 在 Windows 操作系统中安装配置 Web 服务

Windows 操作系统中的 Web 服务器软件也有很多，如 Windows 操作系统自带的软件 IIS 及第三方软件 Apache 等。本实验的任务是在 Windows 7 操作系统中安装 Apache2 软件。

1. 下载安装 Apache2 软件

在 Windows 操作系统中，安装 Apache2 软件的操作系统的最低要求如下。

Windows 7 SP1 版本。

Windows 8 / 8.1 版本。

Windows 10 版本。

Windows 11 版本。

Windows Server 2008 R2 SP1 版本。

Windows Server 2012 R2 版本。

Windows Server 2016 版本。

Windows Server 2019 版本。

Windows Server 2022 版本。

Windows Vista SP2 版本。

可以到 Apache 的官网下载 Apache2 软件，读者可根据自己的操作系统环境选择 64 位版本或 32 位版本进行下载，本书下载的版本是"httpd-2.4.62-240718-win32-vs17.zip"。该软件的安装方法也是非常简单的，只需要将该软件解压到指定的目录下，也就完成了软件的安装，本书解压到目录 C:/Apache24 中。解压后的目录结构如图 5-8 所示。

启动 Apache2 软件之前，还需要做一点简单的配置工作。目录 C:\Apache24\conf 保存的是 Apache 软件的配置文件。用记事本打开配置文件 httpd.conf 后，将文件中的 Define SRVROOT "c:/Apache24" 改为 Define SRVROOT "c:/Apache24/conf"。

图 5-8　Apache2 解压目录

Apache2 软件默认站点的页面文件存放于目录 C:\Apache24\htdocs，默认情况下，该目录中只有一个页面文件 index.html。

2. 启动 Apache2 软件

Apache2 软件的启动文件是 C:\Apache24\bin 目录下的 httpd.exe 文件，在终端上输入以下命令行，便可启动 Apache2 软件。

```
C:\Users\Administrator>cd c:/apache24

c:\Apache24>cd bin

c:\Apache24\bin>httpd.exe
httpd.exe: Syntax error on line 75 of C:/Apache24/conf/httpd.conf: Cannot load m
odules/mod_actions.so into server: \xd5\xd2\xb2\xbb\xb5\xbd\xd6\xb8\xb6\xa8\xb5\
xc4\xc4\xa3\xbf\xe9\xa1\xa3
c:\Apache24\bin>
```

上述命令中，加载模块 mod_actions.so 时出错，可以不用理会。

打开浏览器，在地址栏中输入 "http://127.0.0.1"，便可得到如图 5-9 所示的界面，说明 Web 服务运行正常。读者只要修改文件 C:\Apache24\htdocs\ index.html 中的内容，便可得到公司所需要的站点（页面）。

图 5-9　Apache2 正常工作

与 Linux 版的 Apacne2 软件类似，Windows 版的 Apache2 软件也有很多配置信息，其配置信息大多数是在 httpd.conf 文件中完成的。请读者参考相关文献，自行了解 Apache2 软件更多的相关配置。

5.5　安装配置 FTP 服务

FTP 是一个非常古老的互联网应用，现在普通用户很少通过 FTP 来上传或下载文件，基本上都是通过 HTTP 来上传或下载文件。但是 FTP 在网络管理中是一个非常有意义的应用。例如，网络管理人员可以将网络设备的配置文件备份到 FTP 服务器中，在网络设备的配置文件出现了错误时，无须重新配置网络设备便可以直接从 FTP 服务器中将配置文件安装到网络设备中。

当 FTP 客户端需要与服务器建立会话时，客户端首先用一个临时端口（如端口 5505）与服务器端口 21 建立用于传输控制信息的 TCP 连接，然后客户端在 TCP 连接上向服务器传输用户名和密码，并且切换到远程文件系统的工作目录。当需要将本地文件上传到远程文件系统的工作目录中或从远程工作目录中将文件下载到本地文件系统中时，客户端再用一个临时端口（如端口 5506）与服务器端口 20 建立用于传输文件的另一条 TCP 连接，客户端在 TCP 连接上完成文件的上传或下载。当文件传输完毕时，这条数据连接被关闭。FTP 的两条 TCP 连接如图 5-10 所示。

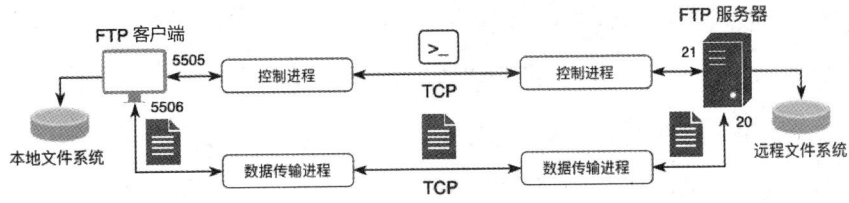

图 5-10　FTP 的两条 TCP 连接

1. FileZilla 软件的安装与配置

（1）软件安装。

FTP 服务器的软件有很多，如 Vsftpd、Proftpd、Serv-U、FileZilla 及 IIS 等。本实验采用 Filezilla 软件来配置 FTP 服务。该软件可在官网进行下载，本实验下载的软件是 FileZillaServer0.9.60.2 中文安装版。

（2）准备工作目录。

在 Windows 7 操作系统中，建立 FTP 工作时所使用的家目录，在本实验中建立目录 c:\ftproot\download 和 c:\ftproot\upload，其中目录 c:\ftproot\download 供用户下载文件使用，该目录仅有列文件的权限并且在该目录下准备一些供用户下载的文件，本实验中提供的文件是 netscape-navigator-9.0.0.6.exe。目录 c:\ftproot\upload 供用户上传文件使用，该目录拥有完全权限（列、读、写、删除等操作权限）。注意，目录权限的设置在 FTP 服务器上完成。

（3）软件安装与配置。

双击下载的文件开始安装，安装过程中需要注意选择 FileZilla 软件的启动方式，如图 5-11 所示。

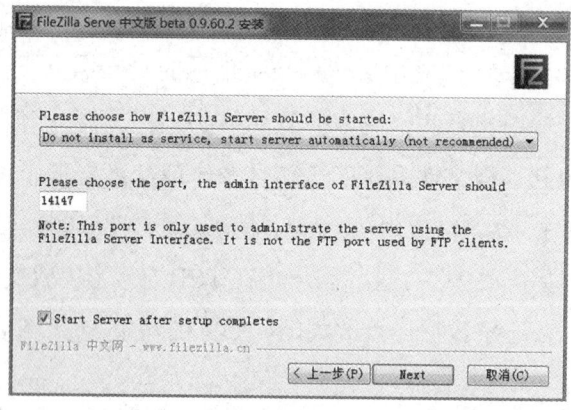

图 5-11 选择 FileZilla 软件的启动方式

完成 FileZilla 软件安装以后，双击桌面上的 FilleZilla 图标，会出现如图 5-12 所示的安装界面，单击"连接"按钮，进入图 5-13 所示的管理界面，开始进行 FTP 组的设置和用户设置。

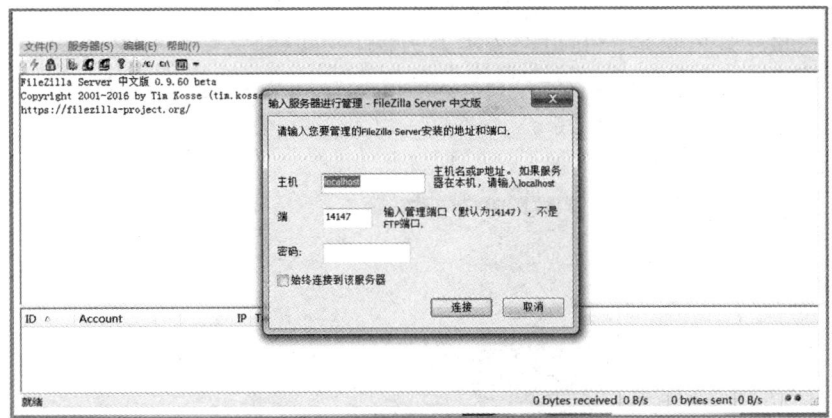

图 5-12　FileZilla 软件安装界面

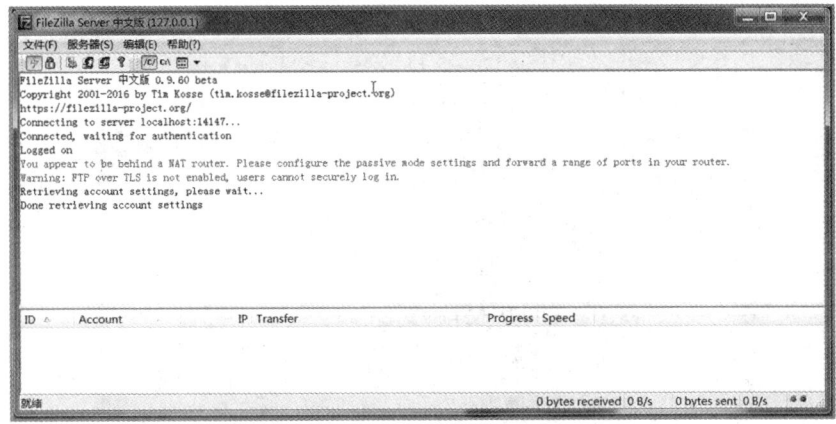

图 5-13　FileZilla 软件管理界面

在图 5-13 的工具栏中，第 4 个和第 5 个小图标分别用来设置用户和用户组。首先设置用户组 student，并将该用户组的工作目录设置为 ftproot（也称为用户组的家目录），该目录下有两个子目录 download 和 upload，设置时需要注意 download 和 upload 的权限设置。按照图 5-14 来创建用户组 student 及其对应的工作目录（注意目录的权限设置）。请读者进一步完善 FileZilla 软件的相关配置，以解决 FileZilla 软件启动界面中出错的问题。

如图 5-15 所示，在创建 FTP 用户时，注意选择正确的用户组，创建的用户自动继承用户组的家目录的权限。如果创建的 FTP 用户不属于任何用户组，则需要为创建的用户指定一个家目录。本实验中创建了一个用户 stu1，该用户属于用户组 student，其密码是 111111，参考此方法，可以创建多个 FTP 用户。

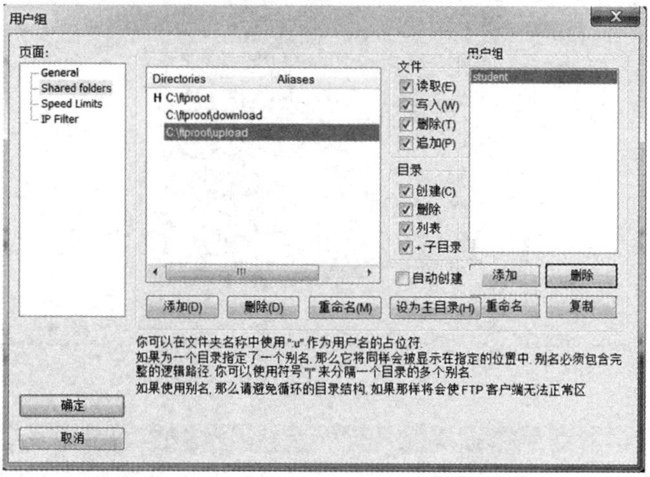

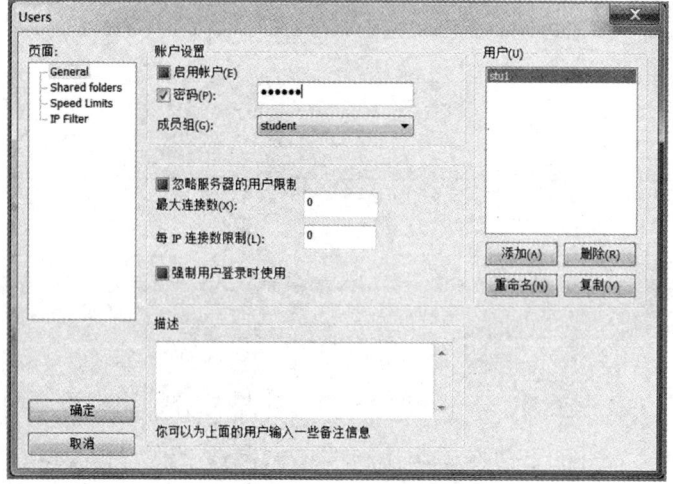

图 5-14　创建 FileZilla Server 用户组

图 5-15　创建 FileZilla Server 用户

2．FTP 服务器测试

有两种方法可以测试 FTP 服务器：一种是 FTP 客户端命令方式，另一种是图形化 FTP 客户端工具，如 FileZilla 客户端。

（1）FTP 客户端命令方式。

```
01: C:\Users\Administrator>ftp 192.168.1.9
02: 连接到 192.168.1.9。
```

```
03: 220-FileZilla Server version 0.9.41 beta
04: 220-written by Tim Kosse (Tim.Kosse@gmx.de)
05: 220 Please visit http://sourceforge.net/projects/filezilla/
06: 用户(192.168.1.9:(none)): stu1        # 用户名称
07: 331 Password required for stu1
08: 密码:                                  # 用户密码，输入时屏幕不显示
09: 230 Logged on
10: ftp>                                  # FTP 命令提示符
```

在 Windows7 操作系统中，在 FTP 命令提示符"ftp>"后输入"?"（macOS 操作系统中输入 help），可列出 Windows7 操作系统提供的 FTP 命令所支持的 FTP 功能。例如，Windows7 操作系统中 FTP 命令支持的功能如下（不同操作系统提供的 FTP 命令中，所支持的功能有所不同）。

```
ftp> ?
命令可能是缩写的。  命令为

!           delete       literal      prompt       send
?           debug        ls           put          status
append      dir          mdelete      pwd          trace
ascii       disconnect   mdir         quit         type
bell        get          mget         quote        user
binary      glob         mkdir        recv         verbose
bye         hash         mls          remotehelp
cd          help         mput         rename
close       lcd          open         rmdir
ftp>
```

常用的 FTP 命令功能解释如下。

binary：定义 FTP 采用二进制模式进行上传或下载文件，这种模式可以传送任何类型的文件。

ascii：定义 FTP 采用文本模式进行上传或下载文件，如传送源程序等文本文件，这种模式下传送的二进制文件，操作系统不会识别这些文件。

cd：改变远程 FTP 服务器上的工作目录，用于在服务器上查找、下载或上传

文件的目录。

lcd：改变本地的工作目录，即将从远程服务器上下载的文件保存到本地的目录中，或本地需上传文件所在的目录。

put：将本地工作目录中的文件上传到远程服务器中。

get：从远程服务器上下载文件至本地。

ls/dir：查看远程服务器上的目录和文件。

bye：退出 FTP 命令。

执行 c:\>ftp 192.168.1.9 命令，输入正确的用户名 stu1 和密码，出现 ftp>提示符，然后执行以下操作。

```
01: ftp> ls
02: 200 Port command successful
03: 150 Opening data channel for directory list.
04: download
05: upload
06: 226 Transfer OK
07: ftp: 收到 18 字节，用时 0.01 秒 1.20 千字节/秒。
08: ftp> dir
09: 200 Port command successful
10: 150 Opening data channel for directory list.
11: drwxr-xr-x 1 ftp ftp            0 Nov 23  2022 download
12: drwxr-xr-x 1 ftp ftp            0 Dec 12  2021 upload
13: 226 Transfer OK
14: ftp: 收到 116 字节，用时 0.00 秒 116000.00 千字节/秒。
```

注意：第 1 行输入的是 ls 命令，第 8 行输入的是 dir 命令，注意两者输出结果的区别。以下是下载 download 目录中的文件到 c:\目录中的一个实例。

```
01: ftp> cd download              # 切换FTP服务器上的工作目录至download
02: 250 CWD successful. "/download" is current directory.
03: ftp> ls                       # 列出download目录中的文件
04: 200 Port command successful
05: 150 Opening data channel for directory list.
06: netscape-navigator-9.0.0.6.exe # 列出文件netscape-navigator- 9.0.0.6.exe
```

```
07: 226 Transfer OK
08: ftp: 收到 32 字节, 用时 0.00 秒 32000.00 千字节/秒。
09: ftp> binary                          # 切换传输模式为二进模式
10: 200 Type set to I
11: ftp> lcd c:\                         # 切换本地工作目录为 c:\
12: 目前的本地目录 C:\。
13: ftp> get netscape-navigator-9.0.0.6.exe
            # 下载文件 netscape-navigator-9.0.0.6.exe 至本地目录 c:\
14: 200 Port command successful
15: 150 Opening data channel for file transfer.
16: 226 Transfer OK
17: ftp: 收到 6060137 字节, 用时 0.06 秒 96192.65 千字节/秒。
18: ftp> bye                             # 退出 FTP
19: 221 Goodbye
```

（2）FTP 图形化客户端工具。

常用的 FTP 图形化客户端工具有 FileZilla、CuteFtp、Fire FTP、WinSCP 等。本实验采用的软件是 FileZilla 图形化客户端，可从官网上下载，本书下载的软件是 FileZilla 64 位绿色版，解压之后直接运行程序"filezilla.exe"便可得到如图 5-16 所示的 FileZilla 客户端软件运行界面，在该界面下正确输入 FTP 服务器的 IP 地址、用户名和密码，端口默认是 21（可以不输入），然后单击"快速连接"按钮。

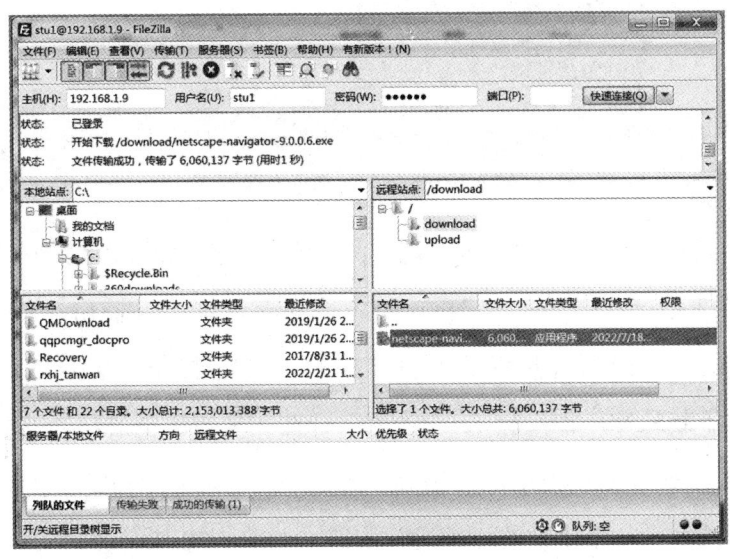

图 5-16　FileZilla 客户端软件运行界面

图形化的 FTP 客户端的运行界面基本上都是一样的，左边列出的是本地目录，右边列出的是远程 FTP 服务器的家目录。利用鼠标将右边选择的文件拖拽至左边的相应目录中即可完成下载操作，反向操作则完成上传操作。如果上传文件时，选择了上传至右边的禁止写操作的目录，则会报错。同样，删除该目录下文件也会报错（选中文件，单击鼠标右键，在弹出的快捷菜单中选择"删除"选项）。

另外一种连接服务器的方法：选择"文件"→"端点管理器"命令，在图 5-17 中填入相关的信息。当下次需要连接到 FTP 服务器时，只需要选择正确的站点，单击"连接"按钮即可。

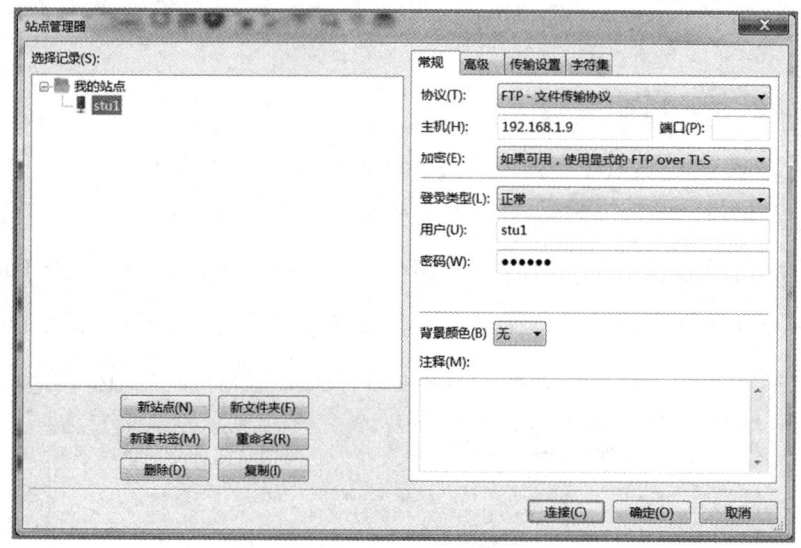

图 5-17　FileZilla 站点管理器

浏览器也是图形化的 FTP 客户端工具。当使用浏览器作为 FTP 客户端工具时，只需要在地址栏中输入正确的 FTP 服务器地址，且使用 FTP 即可，如 ftp://192.168.1.9。不能使用 HTTP 或 HTTPS（超文本传输安全协议），采用 Web 方式的文件下载除外，如实验 5.3。当然，现在大多数浏览器已经不再支持 FTP 了。当使用 macOS 操作系统中的 Safari 浏览器来访问 FTP 服务器时，也是将用户的家目录映射为一个本地的盘符进行访问，如图 5-18 所示。

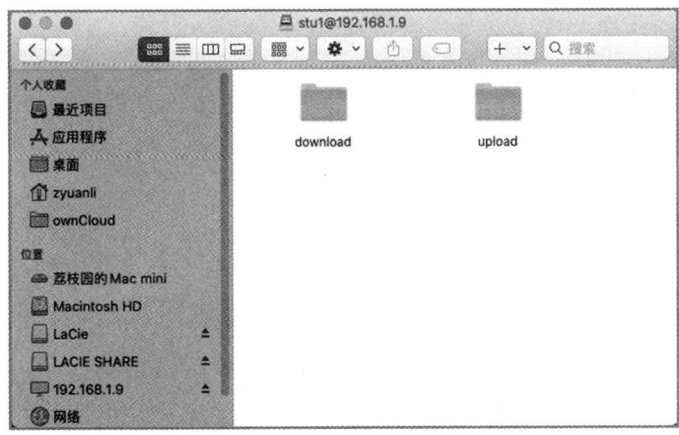

图 5-18 macOS 操作系统中 Safari 浏览器的 FTP 客户端

3. FTP 抓包结果

当使用 FTP 命令方式与服务器连接时，其抓包结果如图 5-19 所示。

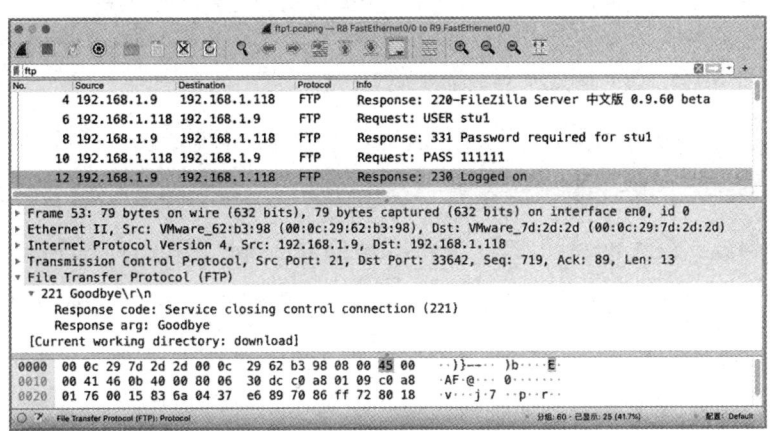

图 5-19 FTP 抓包结果

从以上抓包结果可以看出，FTP 的传输是以明码方式进行的，其抓包结果中的用户名和密码都是明码传输，缺少了必要的安全性。

5.6 域名解析客户端程序设计

本实验的任务是用 Python 语言和 Scapy 工具编写一个简单的 DNS 客户端解

析程序，以便于更好地理解 DNS 报文的格式、资源记录的类型等概念。

通过理论学习，读者已经了解了 DNS 报文的格式，这里以几行代码的运行结果来展示 DNS 报文的格式（在 Scapy 工具中按行执行以下代码，即逐行输入并按回车键）。

（1）简单的代码。

```
01: dnsServer = '192.168.1.1'
02: qname = 'www.b***u.com'
03: qtype = 'A'
04:
05: pkt = IP(dst=dnsServer)/UDP(sport=58888, dport=53)/DNS(
06:       id=6868, opcode=0, rd=1, qd=DNSQR(qname=qname, qtype= qtype))
07:
08: ans = sr1(pkt, timeout=1, verbose=False)
09:
10: ans['DNS'].show()
```

第 5~6 行代码（实为一行，在 Scapy 工具中一行输入，也可在括号开始处换行）定义了一个用于 DNS 查询的 pkt：pkt 在运输层上使用 UDP，目的端口是 DNS 服务器默认使用的端口 53，源端口是 58888；pkt 的目的 IP 地址是 DNS 服务器的 IP 地址；pkt 在应用层上定义了一个 DNS 查询报文，查询的域名是百度的域名，查询类型是 A，即根据域名得到 IP 地址。

第 8 行代码是通过 Scapy 工具提供的发送三层包的函数 sr1 将 pkt 发送给域名服务器，且仅发送一个包，返回的结果保存在 ans 中。下面的运行结果是 ans 中的内容，是通过运行上述第 10 行代码得到的。

（2）运行结果。

```
01: ----------[ DNS 首部 ]----------
02:    id= 6868
03:    qr= 1
04:    opcode= QUERY
05:    aa= 0
06:    tc= 0
```

```
07:    rd= 1
08:    ra= 1
09:    z= 0
10:    ad= 0
11:    cd= 0
12:    rcode= ok
13:    qdcount= 1
14:    ancount= 3
15:    nscount= 0
16:    arcount= 0
17:    ----------[ DNS 查询问题区域 ]----------
18:    \qd\
19:     |###[ DNS Question Record ]###
20:     | qname= 'www.b***u.com.'
21:     | qtype= A
22:     | qclass= IN
23:    ----------[ DNS 回答区域（资源记录） ]----------
24:    \an\
25:     |###[ DNS Resource Record ]###
26:     | rrname= 'www.b***u.com.'
27:     | type= CNAME
28:     | rclass= IN
29:     | ttl= 1075
30:     | rdlen= None
31:     | rdata= 'www.a.s***n.com.'
32:     |###[ DNS Resource Record ]###
33:     | rrname= 'www.a.s***n.com.'
34:     | type= A
35:     | rclass= IN
36:     | ttl= 172
37:     | rdlen= None
38:     | rdata= 14.215.177.38
39:     |###[ DNS Resource Record ]###
40:     | rrname= 'www.a.s***n.com.'
41:     | type= A
42:     | rclass= IN
43:     | ttl= 172
```

```
44:    |  rdlen= None
45:    |  rdata= 14.119.104.189
46:  ns= None
47:  ar= None
```

上述运行结果是一个查询回答报文,查询的域名是百度的域名。

第 2～16 行代码是 DNS 报文的首部,其中第 3～12 行代码是首部中的标志位,第 13～16 行代码是首部数量区域。qdcount=1 表示查询问题的数量是 1,ancount=3 表示查询结果(资源记录)有 3 条。

第 20～22 行代码是 DNS 报文的查询问题区域,指明了查询的域名、查询类型和查询类。

第 25～45 行代码是 DNS 报文的回答区域(资源记录区域),即百度的域名的查询结果(查询类型是 A)。其中,第 26～31 行代码是域名的别名记录,第 33～38 行代码是别名的 IP 地址,第 40～45 行代码也是别名的 IP 地址,即查询百度的域名的 A 类资源记录有 3 个结果,其中一个是域名的别名,另外两个是别名的 IP 地址,这三个结果是以数组的形式组织在一起的,其中,an[0]是别名资源记录,an[1]和 an[2]均是 IP 地址资源记录。

根据以上 DNS 报文的格式和简单代码的分析,我们可以写出较为简单的 DNS 客户端程序。

```
01: # 5-1_Dns_client.py DNS 客户端程序
02: # 仅实现了 A 类记录查询,其他类型请读者自行完成
03: # DNS 服务器在 server_list 中随机选择
04:
05: from scapy.all import *
06:
07:
08: def find_dns_server():
09:     '''随机选择一个 DNS 服务器'''
10:     server_list = ['114.114.114.114', '8.8.8.8',
11:                    '8.8.8.4', '180.76.76.76',
12:                    '119.29.29.29', '223.5.5.5',
```

```
13:                        '223.6.6.6', '166.111.4.100'
14:                    ]
15:        ser_dns = server_list[random.randint(0,7)]
16:
17:        return ser_dns
18:
19:
20: def is_error_qtype(qtype):
21:     '''判断查询类型是否正确'''
22:     qr_type = {1: 'A', 2: 'NS', 5: 'CNAME', 6: 'SOA',
23:                12: 'PTR', 13: 'HINFO', 15: 'MX', 16: 'TXT'
24:                }
25:
26:     for i in qr_type:
27:         if qtype not in qr_type.values():
28:             return 1
29:
30:
31: def dns_lookup(qname, qtype):
32:     '''dns 域名解析'''
33:     dnsServer = find_dns_server()
34:     # 选择一个 DNS 服务器
35:     pkt = IP(dst=dnsServer)/UDP(sport=58888, dport=53)/DNS(
36:         id=6868, opcode=0, rd=1, qd=DNSQR(qname=qname,qtype=qtype))
37:
38:     if qtype == 'A':
39:         try:
40:             ans=sr1(pkt, timeout=1, verbose=False)
41:             dns_result=ans['DNS']
42:             if dns_result.ancount==0:
43:                 # 回答数量是 0
44:                 print('域名 {} 查询失败,查询类型是 {}。'.format(qname,qtype))
45:                 exit(0)
46:
```

```
47:            print('DNS 服务器 {} 的查询结果如下：'.format(dnsServer))
48:            print('Qtype: {}'.format('A'))
49:            for i in range(dns_result.ancount):
50: # 逐条输出资源记录
51:                if dns_result.an[i].type == 5:
52: # 处理别名
53:                    cname = dns_result.an[i].rdata.decode()
54:                    print('{}  canonical name = {}'.format(
55:                        dns_result.an[i].rrname.decode(),cname))
56:                else:
57: # 输出 IP 地址
58:                    print('Name:   {}'.format(dns_result.an[i].rrname.decode()))
59:                    print('Address:  {}'.format(dns_result.an[i].rdata))
60:        except Exception as e:
61:            print('Error. {}'.format(str(e)))
62:    else:
63: # 这里可以加上其他类型查询的代码
64:        print('抱歉，{} 查询类型功能还未实现。'.format(qtype))
65:
66:
67: def main():
68:    args = sys.argv
69:    if len(args)<3:
70:        print('命令格式: python 5-1_Dns_client.py www.b***u.com A',end='')
71:        print(', A 表示查询类型。')
72: # A 表示查询类型
73:        exit(0)
74:
75:    qname = str(args[1])
76: # 保存查询名
77:    qtype = str(args[2]).upper()
78: # 保存大写的查询类型
```

```
79:     if is_error_qtype(qtype):
80:         # 查询类型不正确
81:         print('查询类型错误!')
82:         exit(0)
83:
84:     dns_lookup(qname, qtype)
85:
86:
87: if __name__ == '__main__':
88:     main()
```

程序运行结果如下。

```
01: $ python 5-1_Dns_client.py www.b***u.com A
02:
03: DNS 服务器 180.76.76.76 的查询结果如下:
04: Qtype: A
05: www.b***u.com.  canonical name = www.a.s***n.com.
06: Name:      www.a.s***n.com.
07: Address:   14.119.104.189
08: Name:      www.a.s***n.com.
09: Address:   14.215.177.38
```

在上述运行结果中,第 5 行代码输出了别名资源记录,第 6~7 行代码输出了别名的一个 IP 地址,第 8~9 行代码输出了别名的另一个 IP 地址。

第 6 章　常用的网络命令[①]

实验目的：

掌握 Windows、Linux 操作系统中常用的网络命令。

6.1　ping 命令

1. 功能简介

在网络调试和管理中，ping 命令是最为常用的命令之一，通过 ping 命令，用户可以检查指定的设备是否可达，测试网络连接是否出现故障。

ping 命令是基于 ICMP 报文实现的：源端向目的端发送 ICMP 回显请求报文后，根据是否收到目的端的 ICMP 回显回答报文来判断目的端是否可达，对于可达的目的端，可先根据发送的请求报文个数和接收到的响应报文个数来判断链路的质量，再根据 ICMP 报文的往返时间来判断源端与目的端之间的"距离"。

2. 命令格式

ping 命令格式如下。

```
ping    [-t] [-a] [-n count] [-l size] [-f] [-i TTL] [-v TOS]
        [-r count] [-s count] [[-j host-list] | [-k host-list]]
        [-w timeout] [-R] [-S srcaddr] [-4] [-6] target_name
```

3. 常用选项

ping 命令常用选项如下。

---

①：如无特别说明，本实验中的命令默认为 Windows 操作系统中的命令。

（1）-t：表示持续 ping 指定的主机，直到按下"Ctrl+C"组合键为止。

（2）-n count：表示要发送的 ICMP 回显请求报文数，Windows 操作系统默认发送 4 个。

（3）-l size：表示在默认的情况下携带 32 字节的数据。

（4）-f：表示在数据包中设置"不分段"标志（仅适用于 IPv4）。

（5）-i TTL：表示生存时间，设置封装的 IP 分组的生存时间，IP 分组每到达一个路由器，TTL 减 1，减 1 后若 TTL 为 0，则路由器丢弃该 IP 分组。因此，若 TTL 设置太小，会出现超时错误，但实际源端和目的端是连通的。

（6）-4：表示强制使用 IPv4 地址。

（7）-6：表示强制使用 IPv6 地址。

（8）/?：显示 ping 命令帮助（除 nslookup 命令外，该参数适用于本实验中的其他命令）。

4. 常用选项实验

（1）无选项。

无选项情况下，在 Windows 操作系统中的 ping 命令默认发送 4 个 ICMP 回显请求报文。Linux 操作系统无选项的 ping 命令将持续不断地发送 ICMP 回显请求报文，直到按下"Ctrl+C"组合键为止。

```
C:\Users\Administrator>ping gx.1***9.cn -4 # -4 表示强制使用 IPv4 地址

正在 Ping gx.1***9.cn [116.8.128.2] 具有 32 字节的数据：# 域名对应的 IP 地址
来自 116.8.128.2 的回复：字节=32 时间=9ms TTL=249
来自 116.8.128.2 的回复：字节=32 时间=9ms TTL=249
来自 116.8.128.2 的回复：字节=32 时间=10ms TTL=249
来自 116.8.128.2 的回复：字节=32 时间=10ms TTL=249

116.8.128.2 的 Ping 统计信息：
    数据包：已发送 = 4，已接收 = 4，丢失 = 0 (0% 丢失)
往返行程的估计时间(以毫秒为单位)：
    最短 = 9ms，最长 = 10ms，平均 = 9ms 返回结果解析
```

① gx.1***9.cn：域名，其 IP 地址为 116.8.128.2。

② 32：ping 命令发送的 ICMP 回显请求报文中携带 32 字节的数据（ICMP 回显回答报文中的数据字节数与 ICMP 回显请求报文的数据字节数相同）。

- 时间：往返时延。
- TTL：根据返回的 TTL 值，可以推测目的主机初始 IP 分组中的 TTL 值，根据这个值可以初步判断目的主机操作系统的类型。
- Ping 统计信息：结果统计，发送 4 个 ICMP 回显请求报文，收到 4 个 ICMP 回显回答报文，丢失率为 0%。往返时延：最小为 9ms，最大为 10ms，平均为 9ms。

我们花一点时间，来分析一下返回的 TTL 值。操作系统在构造一个 IP 分组的时候，会初始化一个 TTL 值，该 IP 分组每经过一个路由器，其 TTL 值减 1（注意，不同操作系统初始设置的 TTL 值不同）。

ping 命令中返回的 TTL 值，就是目标主机产生的 IP 分组（封装的是 ICMP 回显回答报文），在经过若干个路由器而到达本主机之后的 TTL 值，即初始 TTL 值减去经过的路由器数量。要想知道目的主机到源主机之间经过了多少跳路由器，可以利用 tracert 命令获得。

```
C:\Users\Administrator>tracert -4 gx.1***9.cn

通过最多 30 个跃点跟踪
到 gx.1***9.cn [116.8.128.2] 的路由:

  1    <1 毫秒   <1 毫秒   <1 毫秒  192.168.1.1            # 经过的路由器 1
  2     7 ms     4 ms     5 ms   100.72.0.1              # 经过的路由器 2
  3     4 ms     3 ms     3 ms   180.140.111.193         # 经过的路由器 3
  4     7 ms     6 ms     6 ms   180.140.104.13          # 经过的路由器 4
  5    13 ms    10 ms    10 ms   222.217.164.138         # 经过的路由器 5
  6    12 ms    12 ms    12 ms   116.8.128.18            # 经过的路由器 6
  7     9 ms    10 ms     9 ms   gx.1***9.cn [116.8.128.2]# 目标主机

跟踪完成
```

从输出结果中我们很容易理解，从源主机到目的主机一共经过了 6 跳，ping 命令结果中的 TTL 为 249，再加上 6 个路由器，结果为 255，也就是说，目标主机初始的 TTL 为 255，那么目标主机安装的可能是什么操作系统呢？

不同的操作系统，将不同协议的数据封装到 IP 分组中时，其 TTL 值是不一样的[①]，现在目标主机将 ICMP 报文封装到 IP 分组中，初始 TTL 为 255，这种情况下，我们可以认为目标主机大概率安装的是 Linux 操作系统。

本书使用的是 macOS 操作系统（IP 地址为 192.168.1.9），虚拟机使用的是 Windows7 操作系统（IP 地址为 192.168.1.10），两者直接挢接互通（不用通过路由器转发），因此通过互 ping，很容易知道这两个操作系统封装 ICMP 报文的 IP 分组的 TTL 值。

```
(base) Mac-mini:~ $ ping -c 2 192.168.1.10
                            # macOS 操作系统 ping Windows 操作系统
PING 192.168.1.10 (192.168.1.10): 56 data bytes
64 bytes from 192.168.1.10: icmp_seq=0 ttl=128 time=0.267 ms
                            # Windows7 操作系统中，初始 TTL 为 128
64 bytes from 192.168.1.10: icmp_seq=1 ttl=128 time=0.207 ms

--- 192.168.1.10 ping statistics ---
2 packets transmitted, 2 packets received, 0.0% packet loss
round-trip min/avg/max/stddev = 0.207/0.237/0.267/0.030 ms

C:\Users\Administrator>ping 192.168.1.9 -n 2
                            # Windows 操作系统 ping macOS 操作系统

正在 Ping 192.168.1.9 具有 32 字节的数据:
来自 192.168.1.9 的回复: 字节=32 时间<1ms TTL=64
                            # macOS 操作系统中，初始 TTL 为 64
来自 192.168.1.9 的回复: 字节=32 时间<1ms TTL=64

192.168.1.9 的 Ping 统计信息:
    数据包: 已发送 = 2，已接收 = 2，丢失 = 0 (0% 丢失)，
```

---

①：请读者自行查阅相关资料了解。

往返行程的估计时间(以毫秒为单位)：
    最短 = 0ms，最长 = 0ms，平均 = 0ms

注意，以上实验结果必须是网络状态较为稳定的情况下才能实现，即 ping 命令使用的 ICMP 回显请求报文与 ICMP 回显回答报文、tracert 命令的请求与回答，它们所封装的 IP 分组都是相同的路径。

（2）-i TTL 选项（Linux 操作系统为-t TTL）。

该选项用于指定 ICMP 报文封装到 IP 分组中的 TTL 值（不使用操作系统默认的初始 TTL 值）。

ping 同一目的主机，由于参数-i 指定的 TTL 值不同，会导致不同的结果。例如，原来能够 ping 通的主机，此时可能会出现超时错误。

```
C:\Users\Administrator>ping -i 3 -4 gx.1***9.cn  # TTL=3，使用 IPv4 地址

正在 Ping gx.189.cn [116.8.128.2] 具有 32 字节的数据：
来自 180.140.111.193 的回复：TTL 传输中过期。        # 超时错误
来自 180.140.111.193 的回复：TTL 传输中过期。
来自 180.140.111.193 的回复：TTL 传输中过期。
来自 180.140.111.193 的回复：TTL 传输中过期。

116.8.128.2 的 Ping 统计信息：
    数据包：已发送 = 4，已接收 = 4，丢失 = 0 (0% 丢失)
```

以上结果表明，从源 IP 地址到 gx.1***9.cn 经过的路由器超过 3 个（前面实验中知道经过了 6 个路由器）。

（3）-l size 选项（Linux 操作系统为-s packetsize）。

指明 ping 命令携带的多少字节的数据，Windows 操作系统默认携带 32 字节的数据，Linux 操作系统（选项为-s packetsize）默认携带 64 字节的数据。如果携带数据的 ICMP 报文封装到 IP 分组中后，超过数据链路层的 MTU（最大传输单元），则该 IP 分组需要分片传输。

（4）-t 选项。

在 Windows 操作系统中，ping 命令默认发送 4 个 ICMP 回送请求报文。如果

需要连续查看与目的主机的连通情况，可以加上-t 选项，这样 ping 命令会持续不断地发送 ICMP 回显请求报文，直到用户按下"Ctrl+C"组合键为止。在 Linux 操作系统中，系统默认持续发送 ICMP 回显请求报文，直到用户按下"Ctrl+C"组合键为止。例如：

```
ping -t www.b***u.com
```

这个选项经常被用于检测网络是否稳定。例如，如果经常出现网络应用掉线等状况，用户可以先检查主机与网关的连通情况，若返回的 time 值较小且非常稳定，则可断定出现上网不稳定的情况是由网关以外的网络问题造成的。

（5）-n count 选项（Linux 操作系统为-c count）。

该选项可以让 ping 命令发送指定数量的 ICMP 回显请求报文。例如：

```
ping -n 1 gx.1***9.cn                    # 仅发送一个 ICMP 回显请求报文
```

（6）-f 选项。

-f 选项指明将 ping 命令发送的 ICMP 回显请求报文封装到 IP 分组中，其首部字段 DF 置 1，表示该 IP 分组在传输过程中不允许分片。

```
C:\Users\Administrator>ping gx.1***9.cn -4 -f -l 6550 -n 2

正在 Ping gx.1***9.cn [116.8.128.2] 具有 6550 字节的数据：
需要拆分数据包但是设置 DF。                    # 需要分片，但不允许分片
需要拆分数据包但是设置 DF。

116.8.128.2 的 Ping 统计信息：
    数据包：已发送 = 2，已接收 = 0，丢失 = 2 (100% 丢失)
```

请读者思考一个问题：这种情况下是否能够在网卡上抓到 ICMP 报文？

5. 死亡之 ping

利用 ping 命令的-l size 和-t 选项，可以持续向目的主机发送含有大量数据的 ICMP 请求报文。当封装的 IP 分组超过数据链路层的 MTU 时，该 IP 分组需要分片，但每个 IP 分片中不包含原始 IP 分组的总长度。因此只有当最后一个 IP 分片到达目的主机之后，目的主机重组原始 IP 分组时才知道原始 IP 分组的长度，当

目的主机为该 IP 分组预留的缓存不能容纳该 IP 分组时，就会出现缓冲溢出（Buffer Overflow）。例如：

```
ping -l 65500 -t XXXX
```

XXXX 为目的 IP 地址。

目前这种攻击手段已有多种方式解决，它已成为历史（请读者在虚拟环境下自行实验）。

6. 网络连通性检查流程

当用户发现自己的计算机不能访问网络时，可以用 ping 命令按照如图 6-1 所示的流程进行检查。

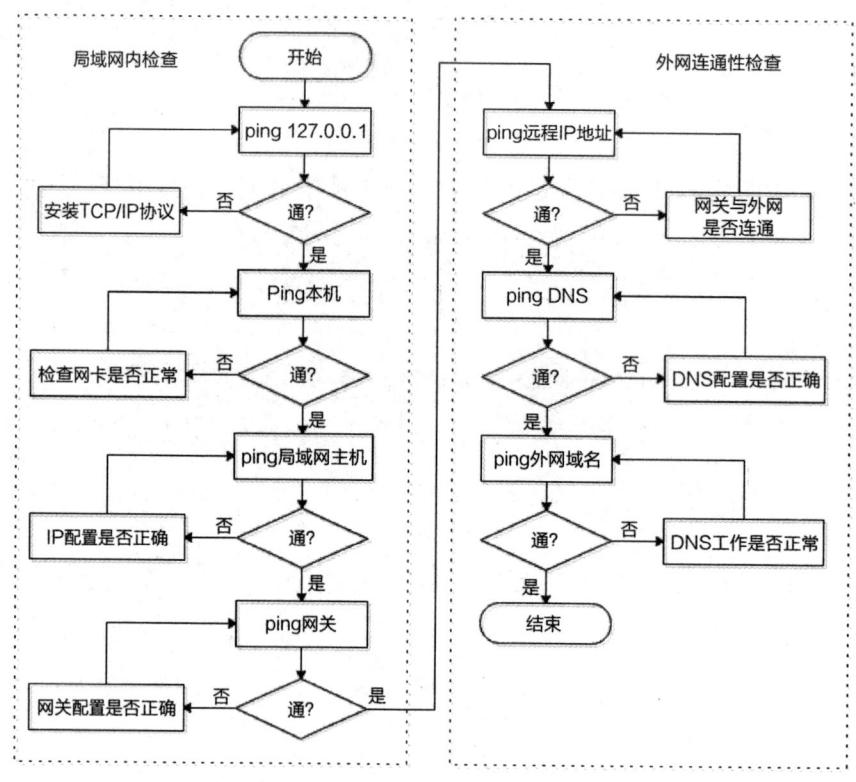

图 6-1 网络连通性检查流程[①]

---

①：图 6-1 中的 ping 是指 ping 目标 IP 地址。例如：ping 网关是指 ping 网关的 IP 地址。

6.2 ipconfig 命令

1. 功能简介

该命令可用于查看主机网络接口 IP 地址的配置情况，也可用来刷新主机 DNS 缓存、释放或获取 IP 地址等。Linux 操作系统中有一条类似的命令 ifconfig，其功能更为全面，请读者参考相关资料自行了解。

2. 命令格式

ipconfig 命令格式如下。

```
ipconfig [/allcompartments] [/? | /all |
                            /renew [adapter] | /release [adapter] |
                            /renew6 [adapter] | /release6 [adapter] |
                            /flushdns | /displaydns | /registerdns |
                            /showclassid adapter |
                            /setclassid adapter [classid] |
                            /showclassid6 adapter |
                            /setclassid6 adapter [classid] ]
```

请注意，这里命令选项参数的格式是"/选项"，在 ping 命令中的写法是"-选项"，这两种写法在 Windows7 操作系统中都是可以的，效果一样，只不过在 ipconfig 命令中，人们可能更喜欢使用"/选项"格式。

3. 常用选项

（1）/all：显示网络接口的详细配置信息。

（2）/release：释放网络接口的 IP 地址（从 DHCP 服务器中获取的 IP 地址）。

（3）/renew：为指定网络接口重新从 DHCP 服务器上获取 IP 地址等信息。

（4）/displaydns：显示 DNS 缓存的域名记录。

（5）/flushdns：清除 DNS 缓存的域名记录。

4. 常用选项实验

（1）无选项。

无选项用来显示本机网卡的简单信息。

```
C:\Documents and Settings\Administrator>ipconfig
Windows IP Configuration
Ethernet adapter 本地连接:                                # 以太网卡
        Connection-specific DNS Suffix  . : localdomain
        IP Address. . . . . . . . . . . . : 172.16.25.130   # IP 地址
        Subnet Mask . . . . . . . . . . . : 255.255.255.0   # 子网掩码
        Default Gateway . . . . . . . . . : 172.16.25.2     # 默认网关
Ethernet adapter Bluetooth 网络连接:                      # 蓝牙网卡
        Media State . . . . . . . . . . . : Media disconnected # 网卡未接入网络
```

（2）/all 选项。

该选项用来显示本机网卡的详细信息，常用来查看网卡的 MAC 地址及 DNS 服务器等信息。

```
C:\Documents and Settings\Administrator>ipconfig /all
Windows IP Configuration
        Host Name . . . . . . . . . . . . : ks100-ff8247d02
                                        # 域中的计算机名、主机名
        Primary Dns Suffix  . . . . . . . :             # 主 DNS 后缀
        Node Type . . . . . . . . . . . . : Hybrid
                                        # WINS 查询方式，先点对点后广播
        IP Routing Enabled. . . . . . . . : No      # 未开启 IP 路由功能
        WINS Proxy Enabled. . . . . . . . : No      # 未开启 WINS 代理
        DNS Suffix Search List. . . . . . : localdomain # DNS 搜索列表
Ethernet adapter 本地连接:
        Connection-specific DNS Suffix  . : localdomain
                                        # 连接指定 DNS 后缀
        Description . . . . . . . . . . . : VMware Accelerated AMD PCNet Adapter
                                        # 网卡
        Physical Address. . . . . . . . . : 00-0C-29-41-3B-83
                                        # MAC 地址
        Dhcp Enabled. . . . . . . . . . . : Yes     # DHCP 启用
        Autoconfiguration Enabled . . . . : Yes     # 自动配置启用
```

```
        IP Address. . . . . . . . . . . . : 172.16.25.130    # IP 地址
        Subnet Mask . . . . . . . . . . . : 255.255.255.0    # 子网掩码
        Default Gateway . . . . . . . . . : 172.16.25.2      # 默认网关
        DHCP Server . . . . . . . . . . . : 172.16.25.254
                                                             # DHCP 服务器 IP 地址
        DNS Servers . . . . . . . . . . . : 172.16.25.2
                                                             # DNS 服务器 IP 地址
        Primary WINS Server . . . . . . . : 172.16.25.2
                                                             # 主 WINS 服务器 IP 地址
        Lease Obtained. . . . . . . . . . : 2019 年 1 月 23 日 20:30:12
                                                             # 租用地址开始时间
        Lease Expires . . . . . . . . . . : 2019 年 1 月 23 日 21:00:12
                                                             # 租用地址结束时间
Ethernet adapter Bluetooth 网络连接:
        Media State . . . . . . . . . . . : Media disconnected
        Description . . . . . . . . . . . : Bluetooth 设备(个人区域网)
        Physical Address. . . . . . . . . : F0-18-98-88-40-25
```

Primary Dns Suffix、DNS Suffix Search List：只有计算机加入 Windows Server 域中才有意义。

WINS（Windows Internet Name Server，Windows 网际名字服务）是微软公司开发的域名服务系统。

（3）/displaydns 选项。

该选项用来显示本机的 DNS 缓存。为了获取计算机中缓存的 DNS 解析结果，我们首先访问某个域名，如访问百度的域名（ping 或浏览器访问）。

```
C:\Documents and Settings\Administrator>ipconfig /displaydns
Windows IP Configuration
        1.0.0.127.in-addr.arpa                    # localhost 的反向解析
        Record Name . . . . . : 1.0.0.127.in-addr.arpa.
        Record Type . . . . . : 12      # 记录类型 PTR，反向解析
        Time To Live  . . . . : 587818           # 生存时间
        Data Length . . . . . : 4                # 数据长度
        Section . . . . . . . : Answer
```

```
            PTR Record . . . . . : localhost        # PTR 记录

            www.b***u.com                           # www.b***u.com 域名缓存
            Record Name . . . . . : www.b***u.com   # 记录域名
            Record Type . . . . . : 1               # 记录类型1,域名查找IP地址
            Time To Live . . . . : 52               # 生存期
            Data Length . . . . . : 4               # 数据长度
            Section . . . . . . . : Answer          # 查询应答获取
            A (Host) Record . . . : 14.215.177.38   # A 为主机记录

            Localhost                               # Localhost 正向解析
            Record Name . . . . . : localhost
            Record Type . . . . . : 1               # 记录类型1
            Time To Live . . . . : 587818
            Data Length . . . . . : 4
            Section . . . . . . . : Answer
            A (Host) Record . . . : 127.0.0.1
```

从以上结果可以看出,主机 DSN 缓存中保存了 DNS 解析的结果,以及操作系统 hosts 中存储的记录。例如:主机名 localhost 对应的 IP 地址是 127.0.0.1。

(4)/flushdns 选项。

该选项用来清空(刷新)本机 DNS 缓存。

```
C:\Documents and Settings\Administrator>ipconfig /flushdns
Windows IP Configuration
Successfully flushed the DNS Resolver Cache.
```

使用 ipconfig /displaydns 命令查看 DNS 缓存时,百度的域名缓存被清除。

(5)/release 选项。

该选项用来释放所有网络接口的 IP 地址(主机网络接口使用 DHCP 自动配置 IP 地址时有效)。

```
C:\Documents and Settings\Administrator>ipconfig /release
Windows IP Configuration
```

```
No operation can be performed on Bluetooth 网络连接 while it has its media
disconnected.
Ethernet adapter 本地连接:
        Connection specific DNS Suffix  . :
        IP Address. . . . . . . . . . . : 0.0.0.0  # IP 地址被释放了
        Subnet Mask . . . . . . . . . . : 0.0.0.0
        Default Gateway . . . . . . . . :
Ethernet adapter Bluetooth 网络连接:
        Media State . . . . . . . . . . : Media disconnected
```

（6）/renew 选项。

该选项用来为主机所有的网络接口重新获取 IP 地址（主机网络接口使用 DHCP 自动配置 IP 地址时有效）。

```
C:\Documents and Settings\Administrator>ipconfig /renew
Windows IP Configuration
No operation can be performed on Bluetooth 网络连接 while it has its media
disconnected.
Ethernet adapter 本地连接:
        Connection-specific DNS Suffix  . : localdomain
        IP Address. . . . . . . . . . . : 172.16.25.130
                                          # 重新获得曾用过的 IP 地址
        Subnet Mask . . . . . . . . . . : 255.255.255.0
        Default Gateway . . . . . . . . : 172.16.25.2
Ethernet adapter Bluetooth 网络连接:
        Media State . . . . . . . . . . : Media disconnected
```

6.3　arp 命令

ARP 的作用是根据目的 IP 地址获取其 MAC 地址。为了减少调用 ARP 的频次，主机会缓存目的 IP 地址的 MAC 地址（类似 DNS 缓存），下次若要重新访问该目标主机时，则直接使用缓存中对应的 MAC 地址。

1. 命令格式

arp 命令格式如下。

```
arp -s inet_addr eth_addr [if_addr]
arp -d inet_addr [if_addr]
arp -a [inet_addr] [-N if_addr] [-v]
```

2. 常用选项

（1）-a 选项：显示所有 ARP 缓存条目。

（2）-d 选项：删除指定或所有 ARP 缓存条目。

（3）-s 选项：增加一条静态 ARP 缓存条目。

3. 常用选项实验

（1）-a 选项。

该选项用来显示主机的 ARP 缓存条目。首先访问（ping）同一局域网中的主机。

```
C:\Documents and Settings\Administrator>ping 192.168.1.9
C:\Users\Administrator>arp -a

接口: 192.168.1.10 --- 0xa            # 网卡接口ID的十六进制表示
  Internet 地址      MAC 地址              类型
  192.168.1.1       d4-41-65-ee-5c-c0    动态   # 主机网关的ARP缓存条目
  192.168.1.9       f0-18-98-ee-37-42    动态
                                               # 主机192.168.1.9的ARP缓存条目
C:\Documents and Settings\Administrator>arp -a
```

注意："动态"表示该 ARP 缓存是动态产生的，超过一定的时间，该 ARP 缓存会被刷新掉。

默认情况下，Windows 操作系统的 ARP 缓存中的条目仅存储 2min。如果一个 ARP 缓存条目在 2min 内被用到，则其期限再延长 2min，其最大生命期限为 10min。

超过 10min 的最大期限后，ARP 缓存条目将被移出，并且通过另外一个 ARP 请求与 ARP 应答交换来获得新的对应关系（需要目标 MAC 地址的时候）。

（2）-d 选项。

该选项用来手动删除指定或全部的 ARP 缓存条目。

① 删除指定的 ARP 缓存条目。

```
C:\Documents and Settings\Administrator>arp -d 192.168.1.9
```

使用 arp -a 命令查看，该 ARP 缓存条目被删除。

② 删除全部的 ARP 缓存条目。

先通过访问局域网内主机的方法，使本机缓存一定数量的 ARP 缓存条目，然后用下面的命令将其全部删除。

```
C:\Documents and Settings\Administrator>arp -d *

C:\Documents and Settings\Administrator>arp -a
No ARP Entries Found
```

（3）-s 选项。

该选项用于手动增加一条静态 ARP 缓存条目，静态 ARP 缓存条目一直保存，主机只要不关机，静态 ARP 缓存条目不会被删除（刷新）掉。

```
C:\Documents and Settings\Administrator>arp -s 192.168.1.9 f0-18-98-ee-37-42

C:\Users\Administrator>arp -a

接口: 192.168.1.10 --- 0xa
  Internet 地址         MAC 地址               类型
  192.168.1.1          d4-41-65-ee-5c-c0      动态
  192.168.1.9          f0-18-98-ee-37-42      静态    # 注意类型为静态
```

手动添加一条静态 ARP 缓存条目有时非常必要。著名的 ARP 攻击，其实就是计算机 A 在局域网中发布一个广播帧，称自己是网关，所有收到该帧的主机就会缓存该 ARP 缓存条目，这些计算机需要访问外网的时候，就会把数据帧发送给计算机 A（假网关）。

解决方法之一是在网络正常的情况下，记下真正网关的 MAC 地址。当主机不能访问外网或疑似受到 ARP 攻击时，查看一下计算机的 ARP 缓存，对比记下的真正网关的 MAC 地址，如果与记下的 MAC 地址不一致，则可认为受到了 ARP 攻击。这时可以先清除计算机的 ARP 缓存，再添加一条真正网关的静态 ARP 缓存条目。用这种方法，能暂时解决访问网络的燃眉之急。

6.4 netstat 命令

netstat 命令主要用于显示本机与远程主机的 TCP 连接情况、本机监听的端口号、本机路由表等信息。

1. 命令格式

netstat 命令格式如下。

```
netstat [-a] [-b] [-e] [-f] [-n] [-o] [-p proto] [-r] [-s] [-t] [interval]
```

2. 常用选项

（1）-a：显示所有的 TCP 连接和正在监听的端口。

（2）-n：以数字形式显示地址和端口（如 HTTP 会以"80"的形式显示）。

（3）-e：显示网络接口传输数据的统计信息，此选项可以与-s 选项组合使用。

（4）-s：按协议分类显示统计信息，默认显示 IP、IPv6、ICMP、ICMPv6、TCP、TCPv6、UDP 和 UDPv6 等协议的统计信息。

（5）-r：查看本机路由表。

（6）-p proto：显示 proto 所指定的协议的连接，proto 可以是 TCP、UDP、TCPv6 或 UDPv6，如果与-s 选项一起使用，则可显示按协议分类的统计信息。

3. 常用选项实验

首先在浏览器中访问百度的域名，然后用 ping 命令访问百度的域名。

（1）-a 选项。

该选项用于显示本机监听了哪些端口、与远程主机建立连接的情况，使用者可以根据这些信息来判断主机的安全性。例如，不应该开启的端口、不应该出现的连接等。注意，熟知的端口不是用数字表示的，而是用熟知端口的名称表示的，如 http。

```
C:\Documents and Settings\Administrator>netstat -a
Active Connections
  Proto    Local Address              Foreign Address        State
  TCP      ks100-ff8247d02:epmap      ks100-ff8247d02:0      LISTENING
  TCP      ks100-ff8247d02:microsoft-ds ks100-ff8247d02:0    LISTENING
  TCP      ks100-ff8247d02:1028       ks100-ff8247d02:0      LISTENING
  TCP      ks100-ff8247d02:netbios-ssn ks100-ff8247d02:0     LISTENING
  TCP      ks100-ff8247d02:1040       www.b***u.com:http     ESTABLISHED
                                      # 远程主机的端口 http
  TCP      ks100-ff8247d02:1041       www.b***u.com:http     ESTABLISHED
  TCP      ks100-ff8247d02:1044       m.b***u.com:http       ESTABLISHED
  UDP      ks100-ff8247d02:microsoft-ds  *:*
  UDP      ks100-ff8247d02:isakmp  *:*
  UDP      ks100-ff8247d02:1030       *:*
  UDP      ks100-ff8247d02:4500       *:*
……
```

① Proto：协议。

② Local Address：由本地主机地址（用计算机名 ks100-ff8247d02 表示）和端口号组成，microsoft-ds、http 是熟知的端口。

③ Foreign Address：远程地址，由远程主机地址和端口组成。

④ State：TCP 连接的状态，有 LISTENING（监听状态）、连接建立状态等。

（2）-n 选项。

该选项是以数字形式显示地址和端口的，即不进行域名解析。

```
C:\Documents and Settings\Administrator>netstat -a -n
Active Connections
  Proto  Local Address          Foreign Address        State
  TCP    0.0.0.0:135            0.0.0.0:0              LISTENING
```

```
TCP    0.0.0.0:445            0.0.0.0:0            LISTENING
TCP    127.0.0.1:1028         0.0.0.0:0            LISTENING
TCP    172.16.25.130:139      0.0.0.0:0            LISTENING
TCP    172.16.25.130:1084     14.215.177.39:80     ESTABLISHED
                                                   # 远程主机端口 80
TCP    172.16.25.130:1085     14.215.177.39:80     ESTABLISHED
TCP    172.16.25.130:1088     14.215.178.37:80     ESTABLISHED
……
```

注意，这里的 0.0.0.0 代表本主机上可用的任意 IP 地址，如 0.0.0.0:135 表示主机上所有 IP 地址监听端口 135。

（3）-e 选项。

该选项是用来统计本机发送和接收的数据量的情况，常与 -s 选项结合使用。

```
C:\Documents and Settings\Administrator>netstat -e
Interface Statistics                        # 网络接口收发数据的统计情况
                     Received      Sent
Bytes                175315        81658    # 收到和发送的字节数
Unicast packets      371           577      # 收到和发送的单播包数量
Non-unicast packets  139           130      # 收到和发送的广播包数量
Discards             0             0        # 丢弃包的数量
Errors               0             0        # 错误包的数量
Unknown protocols    0                      # 未知协议包的数量
```

（4）-s 选项。

该选项用于按协议统计通信数据量。默认情况下，显示 IP、IPv6、ICMP、ICMPv6、TCP、TCPv6、UDP 和 UDPv6 的统计情况。

```
C:\Documents and Settings\Administrator>netstat -s
IPv4 Statistics                             # IPv4 分组统计

   Packets Received              = 634      # 收到 634 个 IP 分组
   Received Header Errors        = 0        # 收到头部出错的 IP 分组为 0 个
   Received Address Errors       = 17       # 收到地址出错的 IP 分组为 17 个
   Datagrams Forwarded           = 0        # 转发的数据报为 0 个
   Unknown Protocols Received    = 0        # 未知协议接收数为 0 个
```

第6章 常用的网络命令

```
    Received Packets Discarded         = 45      # 丢弃的IP分组为45个
    Received Packets Delivered         = 587     # 接收并交付的IP分组为587个
    Output Requests                    = 846     # 输出请求数为846个
    Routing Discards                   = 0       # 路由丢弃数为0个
    Discarded Output Packets           = 0       # 丢弃的输出数据包为0个
    Output Packet No Route             = 0
                                  # 输出数据包无路由的IP分组为0个
    Reassembly Required                = 0       # 需要重组的为0个
    Reassembly Successful              = 0       # 重组成功的为0个
    Reassembly Failures                = 0       # 重组失败的为0个
    Datagrams Successfully Fragmented  = 0       # IP分片成功的为0个
    Datagrams Failing Fragmentation    = 0       # IP分片失败的为0个
    Fragments Created                  = 0       # 没有产生IP分片

ICMPv4 Statistics                              # ICMPv4 统计

                              Received    Sent
    Messages                  12          13    # 消息数量
    Errors                    0           0     # 错误消息数量
    Destination Unreachable   0           0     # 目的不可达消息数量
    Time Exceeded             0           0     # 超时消息数量
    Parameter Problems        0           0     # 参数错误消息数量
    Source Quenches           0           0     # 源站抑制消息数量
    Redirects                 0           0     # 重定向消息数量
    Echos                     0           13    # 发送13个ICMP请求报文
    Echo Replies              12          0     # 收到12个ICMP应答报文
    Timestamps                0           0     # 时间戳请求数
    Timestamp Replies         0           0     # 时间戳回复数
    Address Masks             0           0     # 地址掩码请求数
    Address Mask Replies      0           0     # 地址掩码回复数

TCP Statistics for IPv4                        # TCP 连接统计

    Active Opens                       = 26      # 主动打开数
    Passive Opens                      = 0       # 被动打开数
    Failed Connection Attempts         = 4       # 连接失败尝试数
```

```
    Reset Connections           = 17       # 重置连接数
    Current Connections         = 4        # 当前连接数
    Segments Received           = 303      # 已收到的 TCP 报文数
    Segments Sent               = 217      # 已发送的 TCP 报文数
    Segments Retransmitted      = 0        # 重传报文数


UDP Statistics for IPv4                    # UDP 统计结果


    Datagrams Received          = 272      # 接收的 UDP 报文数
    No Ports                    = 12       # 无进程接收的 UDP 报文数（端口未开启）
    Receive Errors              = 0        # 接收出错的 UDP 报文数
    Datagrams Sent              = 608      # 发送的 UDP 报文数
```

（5）-r 选项。

该选项用于显示本机的路由表，其功能类似于"route print"的功能。

```
C:\Documents and Settings\Administrator>netstat -r
Route Table
===========================================================================
Interface List                                      # 本机网络接口（网卡）列表
0x1 ........................... MS TCP Loopback interface
0x2 ...00 0c 29 41 3b 83 ...... AMD PCNET Family PCI Ethernet Adapter
0x10004 ...f0 18 98 88 40 25 ...... Bluetooth 设备(个人区域网)
===========================================================================
===========================================================================
Active Routes:                                      # 活动路由
Network Destination      Netmask          Gateway          Interface        Metric
        0.0.0.0          0.0.0.0          172.16.25.2      172.16.25.130    10
      127.0.0.0          255.0.0.0        127.0.0.1        127.0.0.1        1
     172.16.25.0         255.255.255.0    172.16.25.130    172.16.25.130    10
    172.16.25.130        255.255.255.255  127.0.0.1        127.0.0.1        10
   172.16.255.255        255.255.255.255  172.16.25.130    172.16.25.130    10
      224.0.0.0          240.0.0.0        172.16.25.130    172.16.25.130    10
   255.255.255.255       255.255.255.255  172.16.25.130    172.16.25.130    1
   255.255.255.255       255.255.255.255  172.16.25.130    10004            1
Default Gateway:         172.16.25.2
```

```
===============================================================
Persistent Routes:                              #永久路由（静态路由）
  None
===============================================================
```

路由表解析如下。

Network Destination：目的网络号。

Netmask：子网掩码。

Gateway：网关的 IP 地址，指明下一跳交付给谁。

Interface：接口 IP 地址，指明从本机的哪一个接口转发出去。

Metric：度量（开销）。

0.0.0.0/0 这个特殊目的网络的路由条目可以认为是一条默认路由，如果去往目的网络的路由不存在，则使用该条路由。

① 第 1 条路由。

编者认为 0.0.0.0/0 表示任意网络，这样可以更好地理解以下路由表项。

Network Destination	Netmask	Gateway	Interface	Metric
0.0.0.0	0.0.0.0	172.16.25.2	172.16.25.130	10

探索未知网络世界，从接口 172.16.25.130（本机网卡的 IP 地址）交付给 172.16.25.2（默认网关的 IP 地址）。

② 第 2 条路由。

Network Destination	Netmask	Gateway	Interface	Metric
127.0.0.0	255.0.0.0	127.0.0.1	127.0.0.1	1

访问网络 127.0.0.0/8，交付给 127.0.0.1（回测地址），不会交给网卡。

③ 第 3 条路由。

Network Destination	Netmask	Gateway	Interface	Metric
172.16.25.0	255.255.255.0	172.16.25.130	172.16.25.130	10

访问本机所在的 IP 网络（直联网络），直接从本机网卡转发出去。

这里我们给出"直连网络"与"直联网络"的概念（编者个人观点）。

"直连网络"是数据链路层的概念,如 PPP(点对点协议)网络、广播式以太网络,可以理解为数据链路层的一个广播域,注意直连网络中的数据帧不会穿过路由器。

"直联网络"是网络层的概念,直联网络中主机的 IP 地址与子网掩码做逻辑与运算得到的网络号一致(这些主机在同一个 IP 网络中),这些主机不经过路由器转发便可以直接收发 IP 分组(IP 分组可以直接交付)。注意,不考虑私有 IP 地址重复使用的情况。

④ 第 4 条路由。

Network Destination	Netmask	Gateway	Interface	Metric
172.16.25.130	255.255.255.255	127.0.0.1	127.0.0.1	10

访问 172.16.25.130/32(本机 IP 地址),这其实是本地主机路由,交付给 127.0.0.1。

⑤ 第 5 条路由。

Network Destination	Netmask	Gateway	Interface	Metric
172.16.255.255	255.255.255.255	172.16.25.130	72.16.25.130	10

访问 172.16.255.255/32,本地 IP 网络的广播路由,交付给本机网卡。

⑥ 第 6 条路由。

Network Destination	Netmask	Gateway	Interface	Metric
224.0.0.0	240.0.0.0	172.16.25.130	172.16.25.130	10

这是一条组播(多播)路由。

⑦ 第 7 条路由。

Network Destination	Netmask	Gateway	Interface	Metric
255.255.255.255	255.255.255.255	172.16.25.130	172.16.25.130	1

255.255.255.255/32 为限定广播地址,只能在本网段广播,路由器不进行转发,交付给本机网卡。

⑧ 第 8 条路由。

Network Destination	Netmask	Gateway	Interface	Metric
255.255.255.255	255.255.255.255	172.16.25.130	10004	1

同第 7 条路由[另一块 Bluetooth（蓝牙）网卡]。

⑨ 第 9 条路由。

```
Default Gateway:        172.16.25.2
```

默认网关，如果路由表中没有去往目的网络的路由，则交给默认网关。

⑩ 静态路由。

```
Persistent Routes:
  None                              # 无静态路由，可以用 route 命令添加静态路由
```

（6）-p proto 选项。

该选项的功能是按协议查看连接的情况。

```
C:\Documents and Settings\Administrator>netstat -p tcp
Active Connections
  Proto  Local Address          Foreign Address        State
  TCP    ks100-ff8247d02:1149   www.b***u.com:http     ESTABLISHED
  TCP    ks100-ff8247d02:1150   www.b***u.com:http     ESTABLISHED
  TCP    ks100-ff8247d02:1153   m.b***u.com:http       ESTABLISHED
  TCP    ks100-ff8247d02:1154   s1.b***c.com:http      ESTABLISHED
  TCP    ks100-ff8247d02:1155   s1.b***c.com:http      TIME_WAIT
```

6.5　route 命令

route 命令用来显示、增加和删除本地路由表。

1．命令格式

route 命令格式如下。

```
route [-f] [-p] [-4|-6] command [destination]
              [MASK netmask] [gateway] [METRIC metric] [IF interface]
```

route 命令有以下基本操作。

（1）print：打印路由（显示本机路由，类似于 netstat -r 命令的功能）。

（2）add：添加路由。

（3）delete：删除路由。

（4）change：修改现有路由。

2. 常用选项

（1）-f：删除所有的路由。

（2）destination：目的网络（目标网络）。

（3）MASK：网络掩码。

（4）gateway：指定网关。

（5）interface：指定路由的接口号码（输出接口）。

（6）METRIC：指定开销。

3. 基本操作和常用选项实验

（1）print。

命令功能与前述 netstat -r 命令完全一致，这里不再介绍。

```
C:\Users\Administrator>route print
```

（2）add 和 delete 操作。

如果计算机有两个网络接口，一个接入本地网络（该公司网络接入互联网），一个接 ISP，如图 6-2 所示。当访问本地网络时，我们当然不希望经由 ISP，可通过互联网来访问该公司的网络（转圈式的访问）。此时，我们可以用 route add 命令添加一条访问本地网络的静态路由。

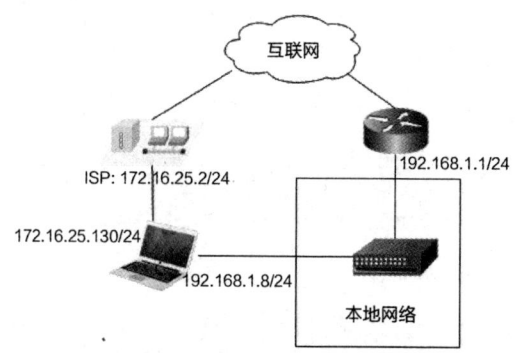

图 6-2　同时接入两个网络

在计算机中添加一块网卡（虚拟机中采用桥接方式新增一块网卡，另一块网卡为 NAT 方式），以下代码显示了网卡配置的情况。

```
C:\Documents and Settings\Administrator>ipconfig
Windows IP Configuration
Ethernet adapter 本地连接:
        Connection-specific DNS Suffix  . : localdomain
        IP Address. . . . . . . . . . . . : 172.16.25.130
        Subnet Mask . . . . . . . . . . . : 255.255.255.0
        Default Gateway . . . . . . . . . : 172.16.25.2

Ethernet adapter Bluetooth 网络连接:
        Media State . . . . . . . . . . . : Media disconnected

Ethernet adapter 本地连接 3:
        Connection-specific DNS Suffix  . : Home
        IP Address. . . . . . . . . . . . : 192.168.1.8
        Subnet Mask . . . . . . . . . . . : 255.255.255.0
        Default Gateway . . . . . . . . . : 192.168.1.1
```

可以看到计算机拥有 3 块网卡，"本地连接 3"是新增的网卡，它所连接的本地网络为 192.168.1.0/24，网关为 192.168.1.1/24，我们可以做如下操作。

```
c:\>route delete 0.0.0.0                              # 删除默认路由
c:\>route add -p 0.0.0.0 mask 0.0.0.0 172.16.25.2
                                                      # 增加访问外网的默认路由
c:\>route add -p 192.168.1.0 mask 255.255.255.0 192.168.1.1
                                                      # 增加访问内网的静态路由
c:\>route print
```

输出的结果中多出 2 条路由（请读者参考 route 命令帮助来理解参数 -p）。

```
Persistent Routes:
Network Address  Netmask              Gateway Address        Metric
0.0.0.0          0.0.0.0              172.16.25.2            1
192.168.1.0      255.255.255.0        192.168.1.1            1
```

（3）-f 选项。

该选项的作用是删除所有的路由，该命令请谨慎操作。

```
C:\> route -f
操作完成!
C:\ >route print
===========================================================================
接口列表
 14...f0 18 98 88 40 25 ...... Bluetooth 设备(个人区域网)
 11...00 0c 29 16 2c cc ...... Intel(R) PRO/1000 MT Network Connection
                                        # 注意接口 11
  1........................... Software Loopback Interface 1
 12...00 00 00 00 00 00 00 e0      Microsoft ISATAP Adapter
 15...00 00 00 00 00 00 00 e0      Microsoft ISATAP Adapter #2
===========================================================================
IPv4 路由表
===========================================================================
活动路由:
无

永久路由:
无
```

主机删除路由表后,主机是无法访问互联网的,可以通过 add 命令添加一条默认路由。

```
C:\>route add 0.0.0.0 mask 0.0.0.0 172.16.25.2 if 11
操作完成
```

注意,上述命令给出的是输出接口,输出接口即本机的网络接口,是用接口序号表示的,如上述命令中的 11。本机网络接口序号可以通过 netstat -r、route print 及 arp -a 命令查看。注意,arp -a 命令查看的结果是十六进制表示的。

最后,我们验证一下是否可以访问互联网。

```
C:\>route print
......
IPv4 路由表
===========================================================================
活动路由:
网络目的        网络掩码         网关            接口              跃点数
0.0.0.0         0.0.0.0         172.16.25.2     172.16.25.131      11
```

```
C:\ >ping www.phei.com.cn

正在 Ping www.phei.com.cn [218.249.32.140] 具有 32 字节的数据:
来自 218.249.32.140 的回复: 字节=32 时间=59ms TTL=112
来自 218.249.32.140 的回复: 字节=32 时间=67ms TTL=112
来自 218.249.32.140 的回复: 字节=32 时间=59ms TTL=112
来自 218.249.32.140 的回复: 字节=32 时间=57ms TTL=112

218.249.32.140 的 Ping 统计信息:
    数据包: 已发送 = 4, 已接收 = 4, 丢失 = 0 (0% 丢失),
往返行程的估计时间(以毫秒为单位):
    最短 = 57ms, 最长 = 67ms, 平均 = 60ms
```

6.6 nslookup 命令

nslookup 命令用于诊断域名服务器的工作是否正常,与之对应的另一个命令是 dig,Linux 操作系统自带该命令,Windows 操作系统需另外下载安装。

nslookup 命令有两种使用方式:一种是非交互方式,另一种是交互方式。

1. 非交互方式

(1) 直接查询。

基本格式如下。

```
nslookup domain [dns-server]
```

未指定参数 dns-server 时,直接用默认 DNS 服务器查询(主机网络接口上配置的是 DSN 服务器 IP 地址),注意权威回答和非权威回答。

例 1:非权威回答。

```
C:\>nslookup www.phei.com.cn
Server:  dns.google                # 默认域名服务器为 Google 域名服务器
Address:  8.8.8.8                  # DNS 服务器 IP 地址
```

```
Non-authoritative answer:    # 非权威回答（不是所管辖的域，由DNS缓存或查询得到）
Name:    www.phei.com.cn     # 查询的域名
Address: 218.249.32.14       # 返回的IP地址
```

例2：权威回答。

以下操作是使用 phei.com.cn 域中的域名服务器 47.108.213.108 来实现的。

```
C:\> nslookup www.phei.com.cn 47.108.213.108    # 指定DNS服务器
服务器：  UnKnown
Address: 47.108.213.108

名称：    www.phei.com.cn                        # 这是一个权威回答
Address: 218.249.32.140
```

例3：非权威回答。

以下操作是在 Linux 操作系统中实现的，域名 www.b***u.com 不在域名服务器 202.193.96.30 所管辖的域中。

```
li@ubuntu1604:~$ nslookup www.b***u.com 202.193.96.30
                                                # 查询不是管辖域中的域名
Server:         202.193.96.30
Address:        202.193.96.30#53

Non-authoritative answer:                       # 非权威回答
www.b***u.com   canonical name = www.a.s***n.com.   # 别名
Name:    www.a.s***n.com                        # www.b***u.com 别名
Address: 14.215.177.38
Name:    www.a.s***n.com
Address: 14.215.177.39
```

（2）其他记录查询。

DNS 记录包括很多种类型，nslookup 默认查询 A 记录，即由域名获得 IP 地址，我们可以通过修改查询参数，查询所需要的内容。

基本格式如下。

```
nslookup -qt=type domain [dns-server]
```

例1：查询域中邮件服务器的记录信息。

```
C:\ >nslookup -qt=mx phei.com.cn 47.108.213.108
                              # 查询 phei.com.cn 中的邮件服务器
服务器：UnKnown
Address: 47.108.213.108

phei.com.cn     MX preference = 1, mail exchanger = hzmx01.mxmail.
netease.com
phei.com.cn     MX preference = 1, mail exchanger = hzmx02.mxmail.
netease.com

C:\Users\43449>
```

例2：查询域名服务器的记录信息。

```
C:\ >nslookup -qt=ns www.phei.com.cn 47.108.213.108
服务器：UnKnown
Address: 47.108.213.108

phei.com.cn
        primary name server = cl1.sfndns.cn    # 主域名服务器
        responsible mail addr = mail.sfn.cn    # 联系人邮箱地址
        serial  = 2024093014          # 更新记录，用于辅助域名服务器同步
        refresh = 172800 (2 days)     # 辅助域名服务器的刷新时间
        retry   = 600 (10 mins)   # 主服务器未响应，辅助域名服务器重试的时间间隔
        expire  = 1209600 (14 days)
                    # 若辅助服务器14天未从主服务器收到域信息，则丢弃该域
        default TTL = 7200 (2 hours)   # 其他域名服务器缓存本域的有效期
```

（3）域名查询追踪。

DNS 域名查询有两种方式，一种是递归查询，一种是迭代查询。

域名服务器间的查询方式是迭代查询。由于迭代查询发生在本地域名服务器与外界域名服务器之间，因此，在本机上无法抓到域名迭代查询过程。

请读者在本机上安装 DNS 服务器，并将它用作本地域名服务器，尝试抓取迭代查询过程。

2. 交互方式

（1）获取命令帮助。

采用交互方式。

```
C:\>nslookup                          # 输入"nslookup"进入交互方式,提示符为">"
Default Server: google-public-dns-a.google.com
Address: 8.8.8.8
>help
```

在提示符">"之后输入"help"或"?"，显示帮助信息，输入"exit"退出交互方式。

（2）交互式查询。

交互式查询主要通过 set 命令和一些关键字来实现查询要求的设置。

例 1：查询域 b***u.com 邮件服务器的记录信息。

```
C:\>nslookup                          # 进入 nslookup 交互方式
默认服务器:  UnKnown
Address:  fe80::1

> server 8.8.8.8                      # 更改域名服务器为 8.8.8.8
默认服务器:  8.8.8.8.in-addr.arpa
Address:  8.8.8.8

> set type=mx                         # 设置查询记录为 MX
> phei.com.cn
服务器:  8.8.8.8.in-addr.arpa
Address:  8.8.8.8

非权威应答:
phei.com.cn     MX preference = 1, mail exchanger = hzmx02.mxmail.netease.com
phei.com.cn     MX preference = 1, mail exchanger = hzmx01.mxmail.netease.com
>
```

上面的交互方式的结果与以下非交互方式一致。

```
c:\>nslookup -qt=mx b***u.com 8.8.8.8
```

3. dig 命令

以下实验中，域名服务器为 192.168.1.1。

（1）dig 命令帮助。

```
C:\>dig -h
```

dig 命令有很多选项和参数，请读者根据帮助信息学习掌握。下面直接给出一些应用实例。

（2）直接查询根。

dig 命令不加任何参数，便可直接查询到 13 个根域名服务器。

```
C:\>dig
; <<>> DiG 9.9.7 <<>>
;; global options: +cmd
;; Got answer:
;; ->>HEADER<<- opcode: QUERY, status: NOERROR, id: 62937
;; flags: qr rd ra; QUERY: 1, ANSWER: 13, AUTHORITY: 0, ADDITIONAL: 1
                              #以上各字段值的含义请参考第 5 章实验
;; OPT PSEUDOSECTION:
; EDNS: version: 0, flags:; udp: 4096
;; QUESTION SECTION:                     # 查询部分
;.                      IN      NS       # 查询".", 查询根

;; ANSWER SECTION:                       # 回答部分
.               7448    IN      NS      j.root-servers.net.
.               7448    IN      NS      k.root-servers.net.
.               7448    IN      NS      l.root-servers.net.
.               7448    IN      NS      m.root-servers.net.
.               7448    IN      NS      a.root-servers.net.
.               7448    IN      NS      b.root-servers.net.
.               7448    IN      NS      c.root-servers.net.
.               7448    IN      NS      d.root-servers.net.
```

```
.                      7448    IN    NS    e.root-servers.net.
.                      7448    IN    NS    f.root-servers.net.
.                      7448    IN    NS    g.root-servers.net.
.                      7448    IN    NS    h.root-servers.net.
.                      7448    IN    NS    i.root-servers.net.

;; Query time: 15 msec
;; SERVER: 192.168.1.1#53(192.168.1.1)
;; WHEN: Thu Aug 22 12:22:00 CST 2024
;; MSG SIZE  rcvd: 239
```

（3）追踪查询过程。

以下实验可追踪查询过程（在 Linux 操作系统中实现），主机向本地域名服务器发起递归查询，本地域名服务器向根域名服务器及其他域名服务器发起迭代查询。

```
li@ubuntu1604:~$ dig +trace www.t***a.edu.cn

; <<>> DiG 9.10.3-P4-Ubuntu <<>> +trace www.t***a.edu.cn
;; global options: +cmd
.                      86255   IN    NS    m.root-servers.net.
.                      86255   IN    NS    b.root-servers.net.
.                      86255   IN    NS    c.root-servers.net.
.                      86255   IN    NS    d.root-servers.net.
.                      86255   IN    NS    e.root-servers.net.
.                      86255   IN    NS    f.root-servers.net.
.                      86255   IN    NS    g.root-servers.net.
.                      86255   IN    NS    h.root-servers.net.
.                      86255   IN    NS    a.root-servers.net.
.                      86255   IN    NS    i.root-servers.net.
.                      86255   IN    NS    j.root-servers.net.
.                      86255   IN    NS    k.root-servers.net.
.                      86255   IN    NS    l.root-servers.net.
……
;; Received 525 bytes from 8.8.8.8#53(8.8.8.8) in 35 ms
# www.t***a.edu.cn 不是域名服务器 8.8.8.8 所管辖的区，向根域名服务器查询
```

```
cn.                     172800    IN     NS      a.dns.cn.
cn.                     172800    IN     NS      b.dns.cn.
cn.                     172800    IN     NS      c.dns.cn.
cn.                     172800    IN     NS      d.dns.cn.
cn.                     172800    IN     NS      e.dns.cn.
cn.                     172800    IN     NS      f.dns.cn.
cn.                     172800    IN     NS      g.dns.cn.
cn.                     172800    IN     NS      ns.cernet.net.
......
;; Received 710 bytes from 192.203.230.10#53(e.root-servers.net) in 215 ms
# 以上管辖cn的顶级域名服务器向根域名服务器e.root- servers.net查询
edu.cn.                 172800    IN     NS      dns.edu.cn.
edu.cn.                 172800    IN     NS      ns2.cuhk.hk.
edu.cn.                 172800    IN     NS      ns2.cernet.net.
edu.cn.                 172800    IN     NS      dns2.edu.cn.
edu.cn.                 172800    IN     NS      deneb.dfn.de.
......
;; Received 510 bytes from 203.119.27.1#53(c.dns.cn) in 22 ms
# 以上管辖edu.cn的二级域名服务器向顶级域名服务器c.dns.cn查询
t***a.edu.cn.           172800    IN     NS      dns2.tsinghua.edu.cn.
t***a.edu.cn.           172800    IN     NS      dns2.edu.cn.
t***a.edu.cn.           172800    IN     NS      dns.tsinghua.edu.cn.
t***a.edu.cn.           172800    IN     NS      ns2.cuhk.edu.hk.
......
;; Received 783 bytes from 103.137.60.203#53(ns2.cernet.net) in 48 ms
# 以上管辖t***a.edu.cn域的权限域名服务器向域名服务器ns2.cernet.net查询
www.t***a.edu.cn.       21600     IN     A       166.111.4.100
t***a.edu.cn.           21600     IN     NS      ns2.cuhk.hk.
t***a.edu.cn.           21600     IN     NS      dns2.edu.cn.
t***a.edu.cn.           21600     IN     NS      dns2.tsinghua.edu.cn.
t***a.edu.cn.           21600     IN     NS      dns.tsinghua.edu.cn.
;; Received 177 bytes from 166.111.8.31#53(dns2.tsinghua.edu.cn) in 55 ms
# 最终域名对应的IP地址166.111.8.31向权限域名服务器dns2.tsinghua.edu.cn
# 查询
```

DNS 迭代查询过程如图 6-3 所示。

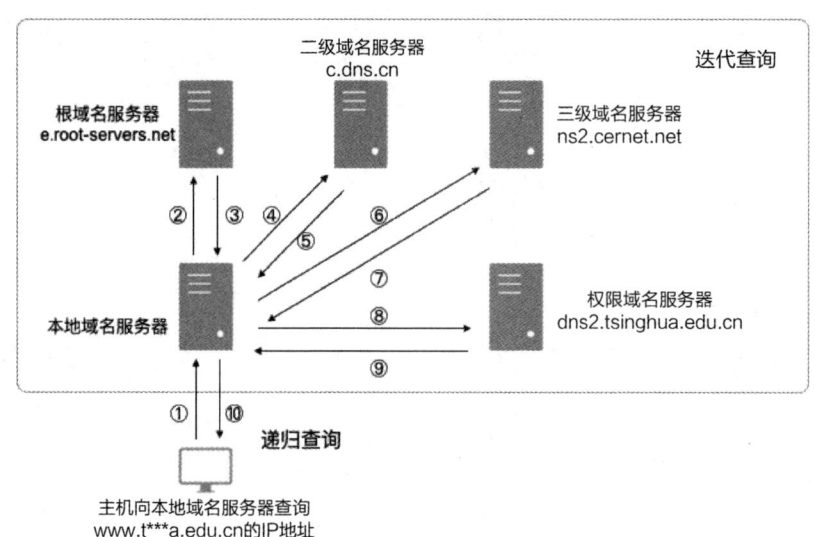

图 6-3　DNS 迭代查询过程

① 主机向本地域名服务器 8.8.8.8 发起 DNS 递归查询，查询域名 www.t***a.edu.cn 对应的 IP 地址。

② 域名 www.t***a.edu.cn 不在本地域名服务器 8.8.8.8 所管辖的域中，本地域名服务器 8.8.8.8 便向根域名服务器 e.root-servers.net 发送迭代查询。

③ 根域名服务器 e.root-servers.net 告诉 8.8.8.8 下一步需要查找管辖 cn 的二级域名服务器。

④ 本地域名服务器 8.8.8.8 向二级域名服务器 c.dns.cn 发起迭代查询。

⑤ 二级域服务器告诉 8.8.8.8 下一步要查找管辖 edu.cn 的三级域名服务器。

⑥ 本地域名服务器 8.8.8.8 向三级域服务器 ns2.cernet.net 发起迭代查询。

⑦ 三级域服务器告诉 8.8.8.8 下一步要查找管辖 t***a.edu.cn 的权限域名服务器。

⑧ 本地域名服务器 8.8.8.8 向权限域名服务 dns2.tsinghua.edu.cn 发起迭代查询。

⑨ 权限域名服务器向 8.8.8.8 返回域名 www.t***a.edu.cn 的 IP 地址

166.111.4.100。

⑩ 本地域名服务器 8.8.8.8 向主机返回域名 www.t***a.edu.cn 的 IP 地址。

注意，在步骤⑨、步骤⑩中，本地域名服务器和主机都会缓存这条 DNS 查询结果。

(4) 直接查询。

```
C:\>dig www.b***u.com
……
;; QUESTION SECTION:                              # 查询部分
;www.b***u.com.            IN      A             # 查询内容


;; ANSWER SECTION:                                # 回答部分
www.b***u.com.         952    IN    CNAME   www.a.s***n.com.
www.a.s***n.com.       273    IN    A       14.215.177.39
www.a.s***n.com.       273    IN    A       14.215.177.38

;; AUTHORITY SECTION:                             # 权威回答的域名服务器
a.s***n.com.           848    IN    NS      ns1.a.s***n.com.
a.s***n.com.           848    IN    NS      ns2.a.s***n.com.
a.s***n.com.           848    IN    NS      ns3.a.s***n.com.
a.s***n.com.           848    IN    NS      ns4.a.s***n.com.
a.s***n.com.           848    IN    NS      ns5.a.s***n.com.

;; ADDITIONAL SECTION:                            # 附加部分查询到的域名服务器的 IP 地址
ns1.a.s***n.com.       536    IN    A       61.135.165.224
ns2.a.s***n.com.       356    IN    A       220.181.57.142
ns3.a.s***n.com.       503    IN    A       112.80.255.253
ns4.a.s***n.com.       269    IN    A       14.215.177.229
ns5.a.s***n.com.       269    IN    A       180.76.76.95

;; Query time: 15 msec                            # 总结部分
;; SERVER: 192.168.1.1#53(192.168.1.1)
;; WHEN: Sat Jan 26 09:11:20 中国标准时间 2019
```

```
;; MSG SIZE  rcvd: 271
```

6.7　tracert 命令

1. 功能简介

路由追踪 tracert 命令，用于确定 IP 分组从源主机访问目标主机所经过的路径（以经过的路由器来标识）。在 Linux 操作系统中，类似的命令为 traceroute。

2. 命令格式

tracert 命令格式如下。

```
tracert     [-d] [-h maximum_hops] [-j host-list] [-w timeout]
            [-R] [-S srcaddr] [-4] [-6] target_name
```

3. 常用选项

（1）-d：不将地址解析为主机名，即显示主机的 IP 地址而不是名字。

（2）-h：maximum_hops 搜索目标的最大跃点数。

（3）-j：host-list 与主机列表一起使用的松散源路由（Loose Source Route，仅适用于 IPv4 地址）。

（4）-w：timeout 等待每个回复的超时时间（以毫秒为单位）。

（5）-R：跟踪往返行程路径（仅适用于 IPv6 地址）。

（6）-S：srcaddr 要使用的源地址（仅适用于 IPv6 地址）。

（7）-4：强制使用 IPv4 地址。

（8）-6：强制使用 IPv6 地址。

松散源路由选项：松散源路由选项只是给出 IP 分组必须经过的一些"要点"，并不能给出一条完整的路径，不是直接相连的路由器之间的路由需要寻址。

严格源路由（Strict Source Route）选项：严格源路由选项规定了 IP 分组要经

过路径上的每一个路由器，相邻路由器之间不得有中间路由器，并且所经过路由器的顺序不可更改。

4．常用选项实验

（1）无选项。

```
C:\>tracert www.phei.com.cn

通过最多 30 个跃点跟踪                      # 最多追踪 30 跳
到 www.phei.com.cn [218.249.32.140] 的路由：

  1     3 ms     1 ms     2 ms   192.168.1.1 [192.168.1.1]
  2     9 ms    10 ms    10 ms   100.72.0.1
  3     *       12 ms     *      218.65.145.213
                                 # "*"表示部分路由器没有响应
  4     *        *        *      请求超时。
  5     *        *        *      请求超时。
  6    50 ms     *        *      202.97.37.165
  7     *        *        *      请求超时。
  8    62 ms     *       55 ms   219.158.41.5
  9    47 ms     *        *      219.158.110.61
 10     *        *        *      请求超时。
 11    59 ms    55 ms    57 ms   123.126.0.146
 12    59 ms    58 ms    59 ms   61.149.212.214
 13    57 ms    57 ms    57 ms   218.241.244.14
 14    62 ms    61 ms    61 ms   202.99.1.146
 15    62 ms    66 ms    63 ms   218.241.165.130
 16    89 ms    62 ms    61 ms   218.241.166.46
 17     *        *        *      请求超时。
 18     *        *        *      请求超时。
 19    64 ms    60 ms    60 ms   218.249.32.140

跟踪完成。
```

5. traceroute 命令（Linux 操作系统中使用）

这里不做详细介绍，直接给出实验结果。

例 1：追踪 Linux 域名 www.l***x.cn 经过的路由。

```
li@ubuntu1604:~$ traceroute www.l***x.cn
traceroute to www.l***x.cn (211.157.2.93), 30 hops max, 60 byte packets
……
 16  211.157.14.62.static.in-addr.arpa (211.157.14.62)  55.970 ms  55.880 ms  55.863 ms          # 注意这里有路由器的名字
 17  mail.anti-spam.org.cn (211.157.2.93)  54.777 ms !X  54.732 ms !X  56.636 ms !X
```

例 2：-n 选项。

```
li@ubuntu1604:~$ traceroute -n www.l***x.cn
traceroute to www.l***x.cn (211.157.2.93), 30 hops max, 60 byte packets
……
 16  211.157.14.62  55.431 ms  54.348 ms  55.413 ms  # 注意其与例1的差别
 17  211.157.2.93  55.365 ms !X  55.315 ms !X  55.729 ms !X
```

第 7 章　双绞线跳线的制作与测试

➡ 实验目的:

了解直通线和交叉线的应用范围。

了解双绞线的性能指标。

掌握直通线和交叉线的制作方法。

7.1　实验设备

RJ-45 水晶头、卡线钳、双绞线、测试仪。

7.2　相关概念和原理

所谓跳线，是指两端均有一个水晶头的网线。网线采用的是 RJ-45 水晶头。RJ-45 水晶头由金属片和塑料构成，需要特别注意的是引脚序号，当金属片面对我们的时候，从左至右引脚序号是 1~8，引脚序号对做跳线非常重要，不能出错，两种不同的线序标准如图 7-1 所示。

T568A 和 T568B 是两种双绞线制作标准。根据 T568A 和 T568B 标准，RJ-45 水晶头各触点在网络连接中，对传输信号来说它们所起的作用分别是线序 1、2 用于发送信号，线序 3、6 用于接收信号。实际上两个标准没有本质的区别，只是连接 RJ-45 水晶头时 8 根双绞线的线序排列不同，在实际的网络工程施工中多采用 T568B 标准。

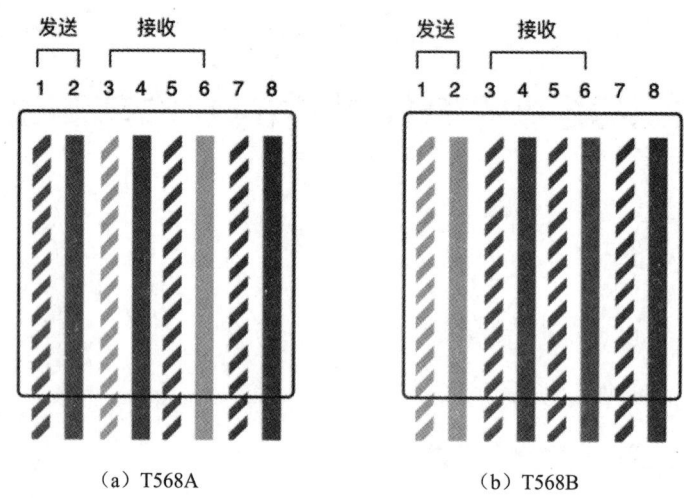

图 7-1 两种不同的线序标准

1. 直通线

双绞线线缆的两端使用同一种标准,即同时采用 T568A 标准或 T568B 标准。

2. 交叉线

在制作双绞线时一端采用 T568A 标准,另一端采用 T568B 标准。

3. 两种标准的线序

两种标准的线序如下。

T568A:绿白,绿,橙白,蓝,蓝白,橙,棕白,棕。

T568B:橙白,橙,绿白,蓝,蓝白,绿,棕白,棕。

4. 直通线与交叉线使用的情形

(1)以下情况必须使用交叉线。一般情况下,同类型的设备间使用交叉线。

① 两台计算机通过网卡直接连接。

② 以级联方式将集线器或交换机的普通端口连接在一起。

(2)以下情况必须使用直通线。一般情况下,不同类型的设备间使用直通线。

① 计算机连接至集线器或交换机。

② 一台集线器或交换机以 Up-Link 端口连接至另一台集线器或交换机的普通端口。

③ 集线器或交换机与路由器的 LAN 端口连接。

(3) 以下情况既可使用直通线，也可使用交叉线。

① 集线器或交换机的 RJ-45 端口拥有极性识别功能，可以自动判断所连接的另一端设备，并自动实现 MDI/MDI-Ⅱ间的切换。

② 集线器或交换机的特定端口拥有 MDI/MDI-Ⅱ开关，可通过拨动该开关选择使用直通线或交叉线与其他集线设备连接。

5. 双绞线的性能指标

常用的双绞线性能指标包括衰减（Attenuation）、近端串扰（NEXT）、直流电阻、阻抗特性等。

(1) 衰减。

衰减是沿链路的信号损失度量。衰减与线缆的长度有关，随着线缆长度的增加，信号衰减也随之增加。衰减用 dB 作为单位，表示源端传送的信号与接收端信号强度的比率。

(2) 近端串扰。

串扰分为近端串扰和远端串扰（FEXT），测试仪主要是测量近端串扰，由于存在线路损耗，因此远端串扰的影响较小。对于非屏蔽双绞线链路，近端串扰是一个关键的性能指标，也是最难精确测量的一个性能指标。实验证明，只有在 40m 内测量得到的近端串扰是较真实的。如果另一端是远于 40m 的信息插座，那么它会产生一定程度的串扰，但测试仪可能无法测量到这个串扰。因此，最好在两个端点都进行近端串扰测量。

(3) 直流电阻。

直流电阻会消耗一部分信号，将其转化成热量。它是指一对导线电阻的和，

11801[①]规格的双绞线的直流电阻不得大于 19.2Ω。每对线间的差异不能太大（小于 0.1Ω），否则表示接触不良，必须检查连接点。

（4）阻抗特性。

阻抗特性包括电阻及频率为 1～100MHz 的电感阻抗和电容阻抗，它与一对电缆之间的距离及绝缘体的电气性能有关。各种电缆有不同的阻抗特性，双绞线电缆有 100Ω、120 Ω及 150 Ω等类型。

双绞线还有很多其他性能指标，这里不再一一介绍。图 7-2 所示的福禄克测试仪能够测量这些指标。

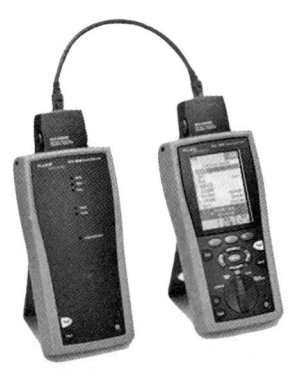

图 7-2　福禄克测试仪

7.3　实验过程

1. 使用材料和工具

制作一根双绞线，需要使用的材料有双绞线、RJ-45 水晶头，使用的工具有压线钳、测试仪等，如图 7-3 所示。制作双绞线之前，请仔细观察这些工具，了解这些工具的使用方法。实际工作中，最好选用知名品牌的压线钳和测试仪。

---

①：ISO/IEC 11801 是全球认可的针对结构化布线的通用标准。

第 7 章 双绞线跳线的制作与测试

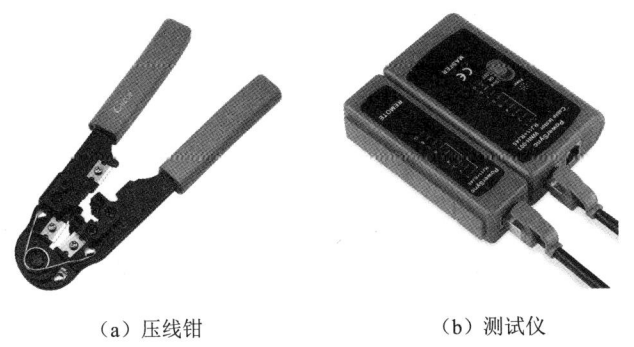

（a）压线钳　　　　　　　　（b）测试仪

图 7-3　常用的压线钳和测试仪

2．制作过程

（1）仔细观察 RJ-45 水晶头，其 8 个铜片实际上是 8 个小刀片，这 8 个小刀片必须同时刺破 8 根线缆的外皮与 8 根线缆中的铜芯接触。注意图 7-4 中标注的几个位置。

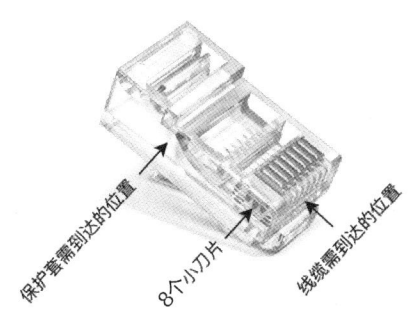

图 7-4　RJ-45 水晶头示意图

（2）剪下一段双绞线。

（3）用压线钳在电缆的一端剥去约 2cm 的护套，注意，操作时不要割破护套中的线缆。

（4）分离 4 对电缆，按照所制作双绞线的线序标准（T568A 或 T568B）排列整齐，并将线整理平直。

（5）维持电缆的线序和平整性，用压线钳上的剪刀将线头剪齐，保证不绞合电缆的最大长度为 1.2cm。

（6）将 RJ-45 水晶头塞到压线钳里，用力按下手柄。

（7）将有序的线头顺着 RJ-45 水晶头的插口轻轻插入，并确保护套也被插入且每根线缆均已插入顶端，如图 7-5 所示。

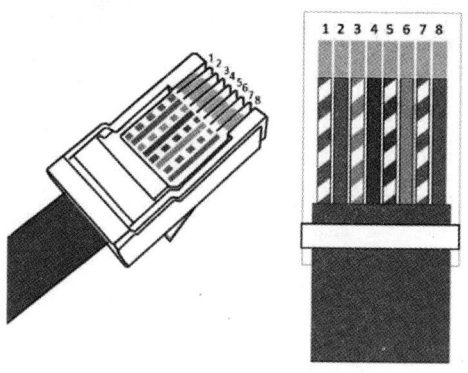

图 7-5　T568A 标准线序排列示意图

（8）用同样的方法制作另一个接头。

（9）用测试仪检查电缆的连通性。

注意：（1）如果两个接头的线序都按照 T568A 标准或 T568B 标准制作，则制作好的线为直通线。如果一个接头的线序按照 T568A 标准制作，而另一个接头的线序按照 T568B 标准制作，则制作好的线为交叉线。

（2）普通的测试仪一般由两部分组成，主机和子机。测试仪面板有 8 个指示灯和两个接口，分别称为 BNC 接口和 RJ-45 接口。将网线两端分别插入主机和子机的 RJ-45 接口，打开测试仪的电源开关，观察指示灯：对于直通线，如果 8 盏指示灯依次闪亮，说明网线制作成功，否则网线制作失败，需要重新制作；对于交叉线，如果其中一侧同样依次闪烁，而另一侧按 3、6、1、4、5、2、7、8 的顺序闪烁，说明网线制作成功，否则网线制作失败，需要重新制作。如果线缆顺序一样，但测试仪仍显示红色灯或黄色灯，表明其中肯定存在对应芯线接触不良的情况，此时就需要重做这根网线。

3. 常见错误

（1）线序错误：未按 T568A 或 T568B 线序正确排列（尤其是交叉线的线序

错误），注意检查两端的 RJ-45 水晶头。

（2）部分线缆不通：这部分线缆未能插入顶部，即未能到达 8 个小刀片的下面。特别需要注意 1、2 和 3、6 线对是否导通。

（3）外观不合格的双绞线，如外护套未能插入正确的位置，使得线缆裸露在 RJ-45 水晶头的外面。

附录A：计算机网络实验报告（参考）

课程名称			实验项目		
实验地点		实验日期		专业	
学生姓名		学号		班级	
指导教师		实验成绩		教师签名	
实验内容					
一、实验目的					
二、实验原理与环境					
三、实验过程					
四、实验方法与步骤					
五、实验总结与体会					

注：不同实验的实验内容可以更改。

附录 B：图形化 ping 程序参考代码

在工程文件中，读者需要添加一个名为 help.txt 的文本文件并完善以下代码，写出更好的图形化 ping 程序。

1. 参考程序 ref.py

```
01: #######################################
02: # ping 程序核心代码 ref.py 参考示例
03: # 需要根据 Windows 操作系统中的 ping 命令功能进行扩展
04: # 难点：IP 和 ICMP，以及图形化界面设计
05: # 作者：XXX，完成日期：2024.6.20
06: #######################################
07:
08: from scapy.all import IP, ICMP, sr
09:
10:
11: def ping1(sip, dip, ttl):
12:     ''' 发送一个 ICMP 回送请求报文'''
13:
14:     # 构造一个 IP 分组，封装 ICMP 回送请求报文
15:     pkt_icmp = IP(
16:         src = sip, dst = dip, ttl = ttl)/ICMP(
17:         type = 8, code = 0)
18:
19:     try:
20:         # 发送一个 ICMP 回送请求报文
21:         # 注意 ans 和 uans 的含义，这是重点内容
22:         ans, uans = sr(pkt_icmp, timeout = 2, verbose = False)
23:
24:         # 输出调试信息：ICMP 报文中的 type 和 code
```

```
25:     print(ans[0][1][ICMP].type, ans[0][1][ICMP].code)
26:
27:     if ans[0][1][ICMP].type == 11 and ans[0][1][ICMP].code == 0:
        # 超时错误
28:        print("{}: 超时错误: ".format(ans[0][1][IP].src))
29:     elif ans[0][1][ICMP].type == 0 and ans[0][1][ICMP].code == 0:
30:        print("通了: {}".format(ans[0][1][IP].src))
31:
32:  except Exception as e:              # 主机不可达
33:     print('未知错误或目标主机不可达...')
34:
35:
36: def main():
37:    # 以下这些参数,将采用图形化界面输入
38:    sip = '192.168.1.11'              # 调试用的源 IP 地址
39:    dip = 'www.b***u.com'             # 调试目标主机可达的情况
40:    #dip = '111.111.111.111'          # 调试目标主机不可达的情况
41:    ttl = 32                          # 调试超时错误情况
42:
43:    # 可扩展参数,如发送 IP 分组的个数
44:    # 具体可根据 Windows 操作系统中的 ping/? 命令增加
45:
46:    ping1(sip, dip, ttl)
47:
48:
49: if __name__ == '__main__':
50:    main()
```

2. 参考程序 pingguiv1.py

```
001: ######################################
002: # ping 图形化程序 Ver1.0 示例
003: # tkinter 参考链接: https://r***n.com/python-gui-tkinter/
004: # http://c.b***g.net/tkinter/listbox.html
005: # scapy 配置链接: https://blog.c***n.net/austin1000/article/details/ 100042405
```

```
006: # 颜色：https://h***s.com/
007: # 基本能够正常运行，还有一些 bug
008: # 例如，输出数据合法性检测：目的主机域名解析等
009: # 作者：XXX
010: # 日期：2022.6.20
011: ##################################
012:
013: from scapy.all import IP, ICMP, sr
014: import tkinter as tk
015: from tkinter import scrolledtext
016: import time
017:
018: # 定义并初始化全局变量，用于最后的统计
019: totalTime = 0              # 总的往返时延
020: totalPass = 0              # 收到的 ICMP 回送回答报文数量
021: maxtime = 0                # 最大往返时延
022: mintime = 1000             # 最小往返时延
023:
024: ent_IP = ''                # 目的 IP 地址
025: ent_TTL = ''               # 初始化 IP 分组中 TTL 值
026: ent_Num = ''               # 初始化发送包的数量，最多为 32 个
027: txt_msg = ''               # 初始化输出窗口
028:
029: Raw = 'A' * 64             # ICMP 负载，可以在参数中传递
030: Errmsg = '----- Error Message -----\n'
031: Hlpbtu = '\nPlease press \'Help\' button for help.\n'\
032:     'The button is positioned in the bottom-left corner.'
033:
034: # 读取帮助信息，encoding 用于解决在 Windows 7 操作系统中 gbk 出错的问题
035: with open('help.txt', 'r', encoding='utf-8') as file:
036:     helpMsg = file.read()
037:
038: with open('ref.py', 'r', encoding='utf-8') as codefile:
039:     code = codefile.read()
040:
```

```
041:
042: def pingWin():
043:     '''构建 ping 图形化界面'''
044:
045:     global ent_IP
046:     global ent_TTL
047:     global ent_Num
048:     global txt_msg
049:     #global helpMsg
050:
051:     win_ping = tk.Tk()
052:     win_ping.iconbitmap('Ting.ico')          # 指定图标
053:     width = 800
054:     height = 400
055:     win_ping.geometry(f'{width}x{height}+300+200')
056:     win_ping.title('ping 命令程序')
057:     win_ping.resizable(False, False)         # 窗口不允许改变大小
058:
059:     fra_input = tk.Frame(master=win_ping, relief = tk.RIDGE)
060:     fra_input.pack(fill=tk.X, side=tk.TOP, padx=20, pady=15)
061:
062:     fra_msg = tk.Frame(master=win_ping)
063:     fra_msg.pack(fill=tk.X, side='top', padx=20)
064:
065:     fra_help = tk.Frame(master=win_ping)
066:     fra_help.pack(fill=tk.X, side='top', padx=20, pady=5)
067:
068:        lbl_ip = tk.Label(master = fra_input, text="IP:", font=('Helvetica', 15))
069:     lbl_ip.grid(row=0, column=0, sticky='e')
070:
071:     ent_IP = tk.Entry(master=fra_input, font=('Helvetica', 15))
072:     ent_IP.grid(row=0, column=1, sticky='e')
073:     ent_IP.insert(0, 'www.b***u.com')   # 设置默认的目的主机
074:
```

```
075:     lbl_ttl = tk.Label(master=fra_input, text="TTL:", font=
('Helvetica', 15))
076:     lbl_ttl.grid(row=0, column=2, padx=10)
077:
078:     ent_TTL = tk.Entry(fra_input, width=7, font=('Helvetica',
15))
079:     ent_TTL.grid(row=0, column=3, sticky='e')
080:     ent_TTL.insert(0, '32')              # 设置默认的TTL
081:
082:     lbl_num = tk.Label(master = fra_input, text='Num:', font=
('Helvetica', 15))
083:     lbl_num.grid(row=0, column=4, sticky='e', padx=10)
084:
085:     ent_Num = tk.Entry(fra_input, width=7, font=('Helvetica',
15))
086:     ent_Num.grid(row=0, column=5, sticky='e')
087:     ent_Num.insert(0, '6')               # 设置默认发送的包的个数
088:
089:     # 创建输出框 txt_msg, 宽度为92, 显示行数为18行
090:     txt_msg = scrolledtext.ScrolledText(master = fra_msg,
091:         wrap = 'word', relief='ridge', curso='watch',
092:         font=('Helvetica', 14), bd=1,
093:         width=92, height=18, padx=5, pady=5
094:         )
095:     #txt_msg.resizable(False, False)
096:     txt_msg.grid(row=0, column=0, sticky='nesw')
097:     txt_msg.insert('insert',helpMsg)     # 显示帮助信息
098:     txt_msg.configure(state = 'disabled' )   # 禁止修改信息
099:
100:     # ping 按钮和 exit 按钮
101:     btn_ping = tk.Button(master=fra_input, text='ping', width=10,
height=1,
102:         command=ping).grid(row=0, column=6, padx=25)
103:     btn_exit =tk.Button(master=fra_input, text='exit', width=10,
height=1,
```

```
104:            command=fra_input.quit).grid(row=0, column=7, padx=10)
105:
106:        # Help 按钮和 View code 按钮
107:        btn_hlp = tk.Button(fra_help, text='Help', width=10, height=1,
108:            command=printHlp).grid(row=0, column=0, pady=3)
109:        btn_viewcode = tk.Button(fra_help, text='View code', width=10, height=1,
110:            command=viewCode).grid(row=0, column=5, padx=10)
111:
112:        win_ping.mainloop()
113:
114: def pingOne(dip, ttl, n):
115:     ''' 发送一个 ICMP 回送请求报文'''
116:     global totalTime
117:     global totalPass
118:     global maxtime
119:     global mintime
120:     global Raw
121:
122:     # 构造一个 IP 分组,封装 ICMP 回送请求报文
123:     try:         # 不能正确解析域名情况
124:         pkt_icmp = IP(
125:             dst = dip, ttl = int(ttl))/ICMP(
126:             type = 8, code = 0)/Raw
127:         #pkt_icmp.show()
128:     except Exception as e:
129:         msg = 'Nodename nor servname provided, or not known\n'
130:         printMsg(msg)
131:         txt_msg.update()
132:         time.sleep(0.5)
133:
134:         return
135:
136:     try:
137:         # 发送一个 ICMP 回送请求报文
138:         # 注意 ans 和 uans 的含义,这是重点内容
```

```
139:        stime = time.time()
140:        #stime = time.process_time()
141:        #print(stime)
142:        ans, uans = sr(pkt_icmp, timeout=1, verbose=False)
143:        # 如果访问 127.0.0.1 或本机 IP 地址，需要指定 iface='lo0'，
           # 通过环回接口发送
144:        rtime = time.time()
145:        #rtime = ans[0][1][ICMP].time# 收到包的时刻，未收到包时会出错
146:        valtime = round((rtime - stime) * 1000 - 8.5, 3)
                                        # 往返时延，修正为减 8.5
147:
148:        if valtime > maxtime:
149:            maxtime = valtime
150:        elif valtime < mintime:
151:            mintime = valtime
152:
153:        totalTime = totalTime + valtime
154:        rtt = str(valtime)
155:
156:        if len(ans) == 0:
157:            # 未收到响应包
158:            # 从发送的未响应元组中获取目的 IP 地址
159:            dip = uans[0][0][IP].dst
160:            msg = 'Destination host unreachable or router no response: ' + \
161:                dip + ', icmp_seq=' + str(n) + '\n'
162:
163:            printMsg(msg)
164:            txt_msg.update()
165:
166:        elif ans[0][1][ICMP].type == 11 and ans[0][1][ICMP].code == 0:
                                                        # 超时错误
167:            srcip = ans[0][1][IP].src
168:
169:            try:
```

```
170:            rawlen = str(len(ans[0][1][ICMP].load))
                                    # 返回包中无负载时会出错，在 except 中处理
171:          except:
172:            rawlen = '0 (no load)'
173:
174:          msg = rawlen + ' bytes from ' + srcip + \
175:              ': Time to live exceeded in transit, ' + 'icmp_seq=' + str(n) + '\n'
176:
177:          printMsg(msg)
178:          txt_msg.update()
                         # 立即更新，即滚动显示，否则循环全部结束后会一次性显示
179:
180:        elif ans[0][1][ICMP].type == 0 and ans[0][1][ICMP].code == 0:
181:          try:
182:            rawlen = len(ans[0][1][ICMP].load)
                            # ICMP 报文的负载，一般与 ICMP 回送请求报文一致
183:          except:
184:            rawlen = '0 (no load)'
185:
186:          ipttl = str(ans[0][1][IP].ttl)
187:          srcip = ans[0][1][IP].src     # 目的主机的 IP 地址
188:          msg = str(rawlen) + ' bytes from ' + srcip + \
189:              ': ' + 'icmp_seq=' + str(n) + \
190:              ' ttl=' + ipttl + ' times=' + rtt + ' ms\n'
191:
192:          printMsg(msg)
193:          txt_msg.update()
194:
195:          totalPass = totalPass + 1
196:
197:        time.sleep(0.5)                  # 每行之间等 1s 后输出
198:
199:    except Exception as e:              # 主机不可达
200:                                        # 其他错误情况
201:      txt_msg.configure(state='normal')
```

```
202:            msg = Errmsg + 'Sorry, An unknown error occurred!.......:' + str(e) + '\n'
203:            clearMsg()
204:            printMsg(msg)
205:            txt_msg.configure(state = 'disabled' )
206:
207: def viewCode():
208:     '''查看源程序'''
209:     txt_msg.configure(state = 'normal' )
210:     clearMsg()
211:     txt_msg.insert('end', code)
212:     txt_msg.configure(state = 'disabled' )
213:
214:
215: def clearMsg():
216:     txt_msg.delete('0.0', 'end')           # 消除原有输出内容
217:
218:
219: def printMsg(msg):
220:     txt_msg.configure(state = 'normal' )
221:     txt_msg.insert('end', msg)
222:     txt_msg.configure(state = 'disabled' )
223:
224:
225: def check(ttl, num):
226:     if not ttl.isdigit():
227:         return 0
228:     if not num.isdigit():
229:         return 1
230:     if int(num)==0:
231:         return 2
232:
233:
234: def ping():
235:     '''ping 目的主机 num 次'''
236:     global totalPass
```

```
237:    global totalTime
238:    global maxtime
239:    global mintime
240:    #global helpMsg
241:    #global txt_msg
242:    txt_msg.configure(state = 'normal' )
243:    #sip = '192.168.1.2'
244:    dip = ent_IP.get()
245:    ttl = ent_TTL.get()
246:    num = ent_Num.get()
247:
248:    if len(dip) == 0:
249:        clearMsg()
250:        msg = Errmsg + 'IP: ' + ' is Null.' + Hlpbtu
251:        printMsg(msg)
252:        return
253:
254:    che = check(ttl, num)
255:    if che == 0:
256:        clearMsg()
257:        msg = Errmsg + 'TTL: \"' + ttl + '\"'+ ' is not digit.' + Hlpbtu
258:        printMsg(msg)
259:
260:        return
261:
262:    if che == 1:
263:        clearMsg()
264:        msg = Errmsg + 'Num: \"' + num + '\"'+ ' is not digit.' + Hlpbtu
265:        printMsg(msg)
266:        return
267:
268:    if che == 2:
269:        clearMsg()
270:        msg = Errmsg + 'Num: ' + ' is zero.' + Hlpbtu
```

```
271:        printMsg(msg)
272:        return
273:
274:    if int(num) > 32:
275:        packNum = 32
276:    else:
277:        packNum = int(num)
278:
279:    clearMsg()
280:    msg = 'Begin ping: ' + dip + ' ' + str(len(Raw)) + \
281:        ' data bytes\n============================\n'
282:
283:    printMsg(msg)
284:
285:    for i in range(packNum):
286:        pingOne(dip, ttl, i)
287:
288:        txt_msg.see('end')                    # 焦点为最后一行
289:
290:    # 显示最终的统计信息
291:    msg = '\n--- ' + dip + ' ping statistics ---\n'
292:    printMsg(msg)
293:
294:    rate = round(((int(num)-totalPass)/int(num))*100, 1)
295:
296:    msg = str(num) + ' packets transmitted, ' + \
297:        str(totalPass) + ' packets received, ' + \
298:        str(rate) + ' % packet loss' + '\n'
299:    printMsg(msg)
300:
301:    if totalPass == 0:
302:        aveTime = 0
303:    else:
304:        aveTime = round(totalTime/totalPass, 3)
305:
306:    msg = 'round-trip min/avg/max = ' + \
```

```
307:        str(mintime) + '/' + str(aveTime) + '/' + \
308:        str(maxtime) + '\n'
309:
310:    printMsg(msg)
311:    txt_msg.see('end')
312:
313:    # 重新 ping 需要重新初始化统计量
314:    totalTime = 0
315:    totalPass=0
316:    maxtime = 0
317:    mintime = 1000
318:    txt_msg.configure(state = 'disabled' )
319:
320:
321: def printHlp():
322:    '''显示帮助信息'''
323:    txt_msg.configure(state = 'normal' )
324:    clearMsg()
325:    txt_msg.insert('end',helpMsg)
326:    txt_msg.configure(state = 'disabled' )
327:
328:
329: def main():
330:    pingWin()
331:
332:
333: if __name__ == '__main__':
334:    main()
```

3. 程序运行结果图

图形化 ping 程序的运行结果如图 B-1 所示。

在图 B-1 中，中间部分的内容为文件 help.txt 的内容，用户可以修改 TTL 值，以实现路由追踪的功能。以上是在 macOS 操作系统中实现的结果，若需要在 Windows 操作系统中运行，还需要修改窗口大小的参数设置。

附录 B：图形化 ping 程序参考代码

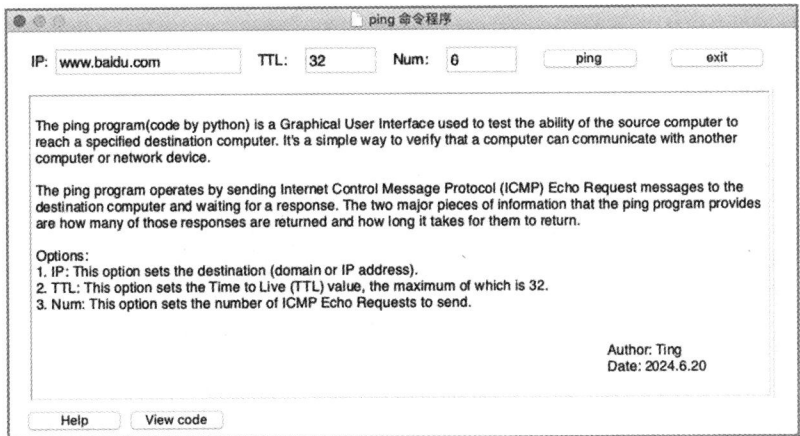

图 B-1　图形化 ping 程序的运行结果

参考文献

[1] 谢希仁. 计算机网络[M]. 8 版. 北京：电子工业出版社，2021.

[2] 李志远，覃科，朱昌洪，等. 计算机网络精编教程——原理与实践[M]. 北京：电子工业出版社，2024.

[3] 库罗斯，罗斯. 计算机网络：自顶向下方法[M]. 陈鸣，译. 北京：机械工业出版社，2017.

[4] 特南鲍姆，费姆斯特尔. 计算机网络[M]. 潘爱民，译. 6 版. 北京：清华大学出版社，2022.

[5] 福尔，史蒂文斯. TCP/IP 详解卷 1：协议[M]. 吴英，张玉，许昱玮，译. 北京：机械工业出版社，2016.

[6] 陈鸣. 计算机网络：原理与实践[M]. 北京：高等教育出版社，2013.

[7] 崔北亮. CCNA 认证指南[M]. 北京：电子工业出版社，2010.

[8] 拉莫尔. CCNA 学习指南[M]. 袁国忠，徐宏，译. 7 版. 北京：人民邮电出版社，2012.

[9] 威斯理春. Python 核心编程[M]. 孙波翔，李斌，李晗，译. 3 版. 北京：人民邮电出版社，2016.